DAI-BOUTZ
RECITS DE VOYAGES
PAR
Ernest Lehr
IIe Série
Vve BERGER-LEVRAULT & FILS
PARIS & STRASBOURG

SCÈNES DE MŒURS

ET

RÉCITS DE VOYAGE

DANS LES CINQ PARTIES DU MONDE

STRASBOURG, IMPRIMERIE DE VEUVE BERGER-LEVRAULT.

SCÈNES DE MŒURS

ET

RÉCITS DE VOYAGE

DANS

LES CINQ PARTIES DU MONDE

PAR

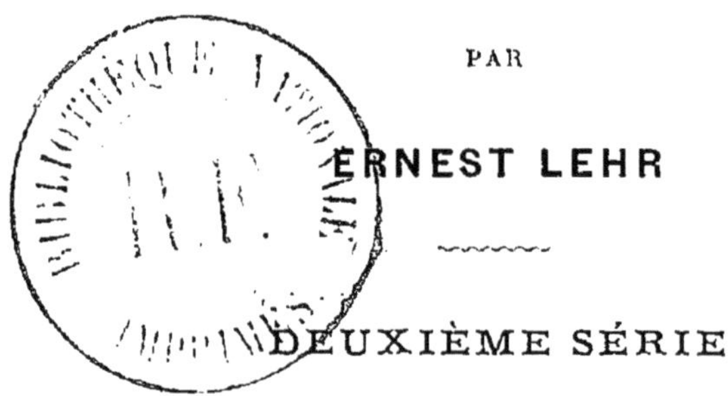

ERNEST LEHR

DEUXIÈME SÉRIE

AVEC 12 DESSINS DE H. ZUBER ET DE A. DEMARLE

PARIS
VEUVE BERGER-LEVRAULT ET FILS, LIBRAIRES-ÉDITEURS
RUE DES BEAUX-ARTS, 5
MÊME MAISON A STRASBOURG
1870

AVANT-PROPOS.

Nous regardons comme un devoir tout à la fois de gratitude et d'équité de mentionner ici les sources auxquelles nous avons puisé pour celles de nos notices qui ne portent pas, à cet égard, d'indication dans le corps même du volume.

Voici les ouvrages que nous avons surtout consultés pour la présente série :

Robert Fortune, *Voyages dans le nord de la Chine* (en anglais).

Kiesewetter, *Ethnographische Reisebilder.*

Balduin Mœllhausen, *Reisen in den Felsengebirgen Nordamerika's.*

Armand, *Amerikanische Jagd- und Reiseabenteuer.*

Kletke, *Reisebilder, Neue Reisebilder, etc.*

Nous devons toutefois rappeler que, dans nos diverses séries de *Récits*, les histoires et les traits de mœurs que nous racontons ne sont ni des reproductions textuelles ni des traductions littérales : le fond en a été scrupuleusement conservé ; mais, suivant les cas, nous les avons résumés ou complétés d'après d'autres auteurs, de façon à les présenter à la jeunesse sous une forme plus saisissante ou plus directement instructive.

Strasbourg, janvier 1870.

ERNEST LEHR.

EUROPE.

EUROPE.

Villages polonais.

« Quiconque a parcouru une lieue carrée en Pologne, peut se vanter de connaître tout le royaume. » Ce dicton si souvent répété est vrai, en ce sens qu'il n'existe pas dans le monde entier de pays plus uniforme, quant aux mœurs, au dialecte, au genre de vie de ses habitants ou quant à la culture du sol.

Les habitants de Slupca ressemblent si parfaitement à ceux de Terespol, qu'on pourrait les transposer d'une ville dans l'autre, sans y remarquer de changement. Et cette uniformité est encore plus frappante parmi les paysans : ce que la vie de l'un comporte de bonheur ou de malheur, de travail ou de plaisir, de charges et de corvées, se trouve être le lot de tous ; un lot fort triste au demeurant.

Dès qu'on met le pied sur le sol polonais, tout, surtout si l'on vient directement de l'Allemagne, sans avoir passé par la Galicie ou le grand-duché de Posen, vous avertit qu'on est dans un nouveau monde : champs, prés, bois, la nature entière prend un aspect étrange et inaccoutumé.

Les tranchées à travers les forêts sont si larges qu'un régiment y marcherait de front, si elles n'étaient hérissées de buissons et de vieilles souches. Il n'est pas d'usage en ce pays de construire des routes ou de les entretenir ; elles se forment par les ornières des voitures et les semelles des piétons ; et comme chaque voiture et chaque piéton suit sa fantaisie, à gauche ou à droite, écrasant les buissons ou renversant les jeunes arbres, les chemins s'élargissent indéfiniment, et ne sont plus, à vrai dire, que de vastes terrains vagues, où rien ne croît, et qui présentent le plus mélancolique aspect.

Nulle part on n'aperçoit la moindre trace de jeunes plantations. Qui devrait s'en charger? le seigneur? pourquoi prendrait-il ce soin? il est bien sûr d'avoir assez de bois pour sa cheminée jusqu'à la fin de ses jours. — Le paysan? le pauvre diable serait bien fou de planter au profit de son maître, et d'ailleurs que deviendrait sa plantation? Le berger n'empêcherait certes pas son troupeau de brouter les jeunes pousses, il aurait bien à faire! et les enfants du village n'auraient garde de respecter le bien de leur seigneur, et de retenir l'un sa vache, l'autre ses cochons ou ses oies, s'il leur plaît de se promener dans les taillis; car le malin plaisir de nuire au maître qui exploite et pressure leurs parents, est chez les enfants polonais un sentiment inné qui se transmet avec le sang.

— Il faudrait que le seigneur établît un garde forestier!

— Vous n'y songez pas; un garde forestier! pour protéger des plantations au profit de ses petits-enfants ou de ses arrière-neveux? pour le coup, voilà une folie qui n'entrerait pas dans la tête d'un gentilhomme polonais!

Ses forêts restent dévastées et incultes, et le reste des terres est à l'avenant.

Si vous sortez des bois pour traverser une prairie, qu'y trouvez-vous? — rien assurément qui ressemble à une prairie française ou allemande: un marécage, des roseaux, point de canaux qui indiquent la moindre tentative faite pour assurer l'écoulement des eaux. «A quoi bon? vous dira le seigneur: le bétail ne mange-t-il pas aussi les roseaux, et ne suffit-il pas qu'il soit rassasié? Qu'importe que mes vaches soient un peu plus ou moins grasses, qu'elles soient plus ou moins bonnes laitières? que la laine de mes moutons soit plus rude, et qu'on en trouve autant aux épines de la lande que sur le dos des brebis? Ma maison a-t-elle jamais manqué de lait, et mes troupeaux ne fournissent-ils pas assez de laine pour payer mon vin de Hongrie? Et quant à creuser des fossés et à drainer les prairies, pourquoi prendre cette peine, je vous prie? S'il arrive par hasard qu'en hiver on s'embourbe avec sa monture dans quelque marécage, on en est quitte pour descendre de cheval et pour patauger de son mieux. Le cheval finit presque toujours par se tirer d'affaire, aussi bien que les vaches et les bœufs chargés de rentrer les foins durant la fenaison. Après tout, un membre foulé ou cassé n'est pas une grande affaire quand cela ne regarde que des animaux. » — D'aussi loin qu'on se souvienne, les choses ont toujours été ainsi; tout est donc pour le mieux et, d'ailleurs, si l'on voulait changer l'ordre établi, par où faudrait-il commencer?

Effectivement, il suffit de jeter un coup d'œil sur les champs, pour se convaincre qu'ils sont en parfaite harmonie avec le reste; tout d'abord, semés d'innombrables souches et de blocs de pierre. Sont-ce des blocs erratiques venus du Nord, ou des débris d'alluvion provenant des Karpathes? Je l'ignore; mais enfin, ce sont des blocs de granit, qui ont souvent plus d'un mètre d'élévation; dans certaines localités le nombre en est prodigieux; et, du plus au moins, on en rencontre partout. La charrue serpente entre ces écueils, et trace des sillons sinueux qui ne le cèdent en rien aux méandres de certains fleuves. Pourtant bon nombre de ces pierres ne sont pas plus grosses que des moellons ordinaires, et s'enlèveraient très-facilement. Deux ou trois manœuvres et autant d'attelages nettoieraient en peu de jours une série d'arpents...

— « Mais, encore une fois, pourquoi tout cet embarras? ces pierres ne font de mal à personne, et les laboureurs de corvée savent bien faire passer leur charrue par les bons endroits. S'il reste çà et là quelque lambeau de terre en friche, les herbes sauvages qui y poussent profitent encore au bétail après la moisson; et quant au terrain occupé par les pierres, il ne faut pas y regarder de si près; il croît du blé de reste dans les espaces libres. »

Vous le voyez, les nobles polonais sont conséquents dans leurs raisonnements, et ils ont une réponse à tout.

Mais ce qui, dans l'aspect de la campagne, surprend encore davantage les étrangers qui voyagent pour la première fois en Pologne, ce sont les arbres fruitiers sauvages, répandus en telle profusion dans les champs que l'on dirait des vergers à perte de vue. Au premier moment, il est impossible de s'expliquer l'utilité de cette multitude d'arbres, ombrageant les champs de blé; car on sait que, sans soleil, la moisson reste maigre et ne mûrit pas. On ignore que ces plantations d'arbres sauvages sont la grande ressource du paysan polonais; les produits de la greffe lui sont inconnus et restent le monopole de la noblesse; bien des gentilshommes même n'ont que des fruits sauvages dans leurs jardins, et se délectent avec des pommes acides que le moindre mendiant en Allemagne dédaignerait de porter à sa bouche.

Il faut assister à la cueillette d'automne pour se faire une idée du prix que ces misérables sauvageons ont pour le paysan polonais. Père et mère, fils et filles, valets et servantes se transportent en masse dans les champs; on emmène sacs et chariots; les hommes grimpent sur les arbres, les femmes ramassent tout ce qui tombe à terre; on peut juger à leur air d'importance qu'il s'agit d'une récolte précieuse; et quand même chaque coup de dents donné dans ces petits fruits aigres leur contracte la bouche, les pauvres hères ne laissent pas que d'y revenir avec volupté.

Du reste, la plus grande partie de ces fruits se consomme d'une autre manière. On les étend sur le sol et l'on attend que la gelée les ait amollis pour les manger avec du pain; ou bien on les sèche au four, pour les cuire ensuite comme légumes; ou bien enfin l'on s'en sert pour fabriquer une boisson acidulée, le *Quas,* qui joue un grand rôle dans l'alimentation du paysan polonais.

Vous ne pouvez entrer dans une chambre de paysan sans apercevoir, dans le voisinage du fourneau, un tonneau debout, le tonneau de *Quas,* l'éternelle ressource de la ménagère, l'assaisonnement obligé de tous les repas. Aussi longtemps que le tonneau n'est pas vide, tout le monde est satisfait. La mère de famille envoie un morceau de pain et un pot de ce breuvage acide à son mari, quand il travaille dans les champs, et là-dessus, elle est parfaitement tranquille; son devoir de ménagère est rempli, le reste n'est plus qu'un accessoire.

J'ai passé près d'une année dans les domaines d'un Polonais de mes amis; et j'étais convenu avec lui d'introduire quelques innovations allemandes dans son économie rurale. Mon premier soin fut, en hiver, de débarrasser de leurs blocs de pierre les champs les plus voisins. Les paysans mirent beaucoup de bonne grâce à me venir en aide; mais quand ce fut le tour des arbres fruitiers, et que je donnai à mes hommes l'ordre de se préparer pour le lendemain à arracher toutes ces plantations sauvages, ils se regardèrent avec des figures désespérées. J'allai prendre du repos et ils s'éloignèrent; mais à peine étais-je assoupi, que j'entendis cent voix crier sous mes fenêtres: *Kochang panie, proszemi pana!* (Cher Monsieur, nous vous prions!) On demandait une audience.

Plus clément qu'on ne l'est ordinairement en ce pays, je me levai, et j'ouvris ma porte, qui donnait directement sur la cour. Aussitôt ma chambre fut envahie par une trentaine de paysans et de paysannes, qui, le visage baigné de larmes et avec de vrais cris de détresse, ne cessaient de répéter: Nous vous en supplions, pardonnez aux arbres fruitiers; ce qui voulait dire: Épargnez les arbres fruitiers!

J'affirmai qu'il fallait les enlever à cause de la moisson. Mais cette réponse ne ferma pas la bouche aux pauvres solliciteurs. Enfin, je promis de donner, au printemps, à chaque père de famille, une douzaine d'arbres greffés, portant des fruits de choix.

— Oh! non, non, Seigneur, il ne nous est pas permis d'avoir de ces arbres-là.

— Et pourquoi donc pas?

— Parce que de pareils arbres ne conviennent qu'aux nobles.

— Avez-vous déjà demandé à M. le comte ce qu'il en pense?

— Non, mais nous le savons.

— C'est très-vrai, Monsieur, dit alors un vieux paysan en se détachant du groupe; nous savons cela parfaitement, car j'avais une fois planté derrière ma hutte deux pruniers qu'un pépiniériste m'avait donnés en paiement d'un attelage de renfort. Dès que M. le comte les eut remarqués, il brisa les deux jeunes tiges sous mes yeux, en déclarant que de pareils arbres n'étaient pas faits pour les paysans; et par-dessus le marché, il m'administra quelques coups de cravache au détour du chemin.

Telle étant la situation, c'eût été une réelle barbarie de faire exécuter mes ordres; je les retirai, et, à l'heure qu'il est, je ne doute pas que ces vilains arbres n'ombragent encore les champs de mon ami.

On voit par le récit de ce seul fait combien le mauvais état de l'économie rurale, en Pologne, est intimement lié aux relations qui existent entre les hommes, et combien il est difficile d'y porter remède.

La manière de labourer n'est pas moins surprenante que les détails qui précèdent. Les champs sont fort étroits et en dos d'âne, formant des bandes de cinq sillons dont le dernier, qui sert de ligne de démarcation, est tellement effacé et élargi, qu'il occupe à lui seul la place de trois sillons pour le moins.

C'est un espace perdu pour les semailles, et qui représente, en se multipliant, de vastes étendues de terres improductives.

J'essayai, un jour, de rendre un gentilhomme polonais attentif à cette perte considérable, et il me répondit : Oh ! nous récoltons assez de blé pour nos besoins ; si nous en avions davantage, qu'en ferions-nous ?

Ce que je raconte ici, est de règle générale, et ce n'est que dans les colonies allemandes ou dans les domaines de quelques grands propriétaires très-énergiques, soutenus par des employés allemands, que l'on commence à lutter contre ces déplorables traditions.

Mais passons plus loin ; au milieu des champs apparaît dans le lointain un groupe assez nombreux de grosses meules de paille, noircies par les alternatives de pluie et de soleil qui ont passé sur elles depuis de longues années. Le croiriez-vous ? c'est le village.

Les misérables huttes qui le composent, sont construites en madriers superposés, et recouvertes de paille ou de roseaux. On dirait une grande caisse que deux cloisons intérieures subdivisent en trois compartiments; le plus spacieux, celui du milieu, sert de chambre d'habitation, et confine, d'un côté, à l'étable des vaches et des moutons, de l'autre, à un espace qui sert à la fois d'entrée et de grenier à fourrage et qui conduit à la porte du four. Ce four est un gros carré de maçonnerie, massif et disproportionné, qui occupe pour le moins le quart de la chambre sans atteindre le plafond, et dont le plateau supérieur sert de lit aux enfants, aux valets et aux servantes.

A l'extérieur, rien ne donne à ces habitations un aspect riant et agréable; jamais on n'y passe une couche de chaux ou de couleur. On aperçoit seulement dans les fentes et les vides que laissent les ais mal joints, de vieux chiffons et des touffes de mousse destinés à intercepter les courants d'air.

Tout près de la cabane s'élèvent la grange et l'étable aux bœufs; des troncs, pas même équarris, font les frais de ces constructions supplémentaires, et une palissade des plus grossières enclôt le tout.

Les villages polonais se composent d'une réunion de fermes semblables à celle que je viens de décrire, et l'on ne peut s'empêcher de plaindre les hommes condamnés à vivre dans ces tanières. Tout y est sombre et laid, et le village lui-même, par suite de la dissémination de ces pauvres cabanes, conserve dans son ensemble un aspect morne et désert.

Sur quinze villages, c'est à peine s'il s'en trouve un pourvu d'une église; et cet édifice ne lui donne guère de relief, car il se réduit à une grande baraque de planches noirâtres, dont la porte est précédée d'une espèce d'échafaudage où l'on suspend les cloches. En revanche, des croix gigantesques s'élèvent de toutes parts dans les airs. On en rencontre à chaque extrémité du village, dans tous les carrefours, et même dans les enclos particuliers; elles y dominent les cabanes, et cadrent parfaitement avec leur entourage, car elles se composent presque toujours de deux poutres grossièrement taillées, voire même de deux troncs bruts, reliés par des baguettes d'osier.

Les habitants de ces tristes hameaux s'harmonisent avec les huttes, les champs, les prés et les bois; ce sont des êtres maussades, dépourvus de tout entrain, de toute énergie. En les voyant circuler, d'un pas lourd et nonchalant, vêtus d'un long sarrau de laine blanche, chaussés de bottes énormes et coiffés d'un gros bonnet de fourrure, je songeais involontairement aux ours de la mer Glaciale, marchant sur leurs pattes de derrière. Ces visages barbus expriment non-seulement la stupidité, mais encore la paresse, l'ennui, la peur, tous les sentiments que développe la servitude.

Pour peu que ce soit possible, le paysan évite le gentilhomme, ou tout homme en costume de ville, car il le prend invariablement pour un noble. Mais s'il ne peut se détourner à temps, on le voit, déjà à cinquante pas de distance, se découvrir et s'avancer courbé jusqu'à terre, dans l'attitude la plus servile, tandis que les femmes embrassent les pieds de celui qu'elles saluent et lui baisent les genoux.

Il n'y a guère d'écoles dans les villages, et sur ce point les Russes sont d'accord avec la noblesse polonaise, pour juger qu'il n'est pas désirable que le paysan se développe et s'instruise. On craint peut-être qu'il n'imite ce cheval qui, subitement doté d'intelligence humaine, jeta son cavalier à terre et le foula aux pieds. Il faut convenir, d'ailleurs, que l'instruction serait un assez triste cadeau à faire au paysan polonais, si elle ne venait point accompagnée de bien d'autres réformes; car elle aurait pour résultat immédiat de lui faire sentir d'une manière plus douloureuse sa dure condition. Sa stupidité a cela de bon qu'elle le maintient dans une insensibilité relative; il ressemble au gazon, qui se laisse fouler aux pieds et n'en pousse pas moins tous les ans de nouveaux brins.

Que dire ensuite de la vie religieuse de ces malheureuses populations? elle se borne aux plus grossières superstitions et aux pratiques les plus absurdes. Il faut voir un paysan marmoter sa prière du matin ou du soir, tout en administrant, par exemple, une volée de coups de bâton à son chien; à certains mots, il s'interrompt pour aller baiser l'image de la Vierge ou de saint Antoine, ou le bénitier suspendu à la porte; puis il revient auprès de la table, et sans discontinuer ses litanies, fait une chasse, toujours fructueuse, à certains insectes qui pullulent dans son bonnet de fourrure. Il faut avoir assisté, lors d'une éclipse de lune, aux cabrioles de ces pauvres gens devant leurs croix ou leurs images de saints, et avoir entendu leurs hurlements dans la nuit de Noël ou à la fête de certains saints, pour se faire une idée de l'abrutissement dans lequel les prêtres laissent croupir ces pauvres âmes.

Les fermes dans lesquelles le seigneur d'un domaine établit ses paysans, se composent habituellement de douze arpents de terre (sans prairies ni jardin), une cabane, une grange et une écurie, une paire de bœufs, une vache, quatre brebis, deux porcs, six poules et un coq. Une charrue, une herse, une lanterne, une macque à lin, une meule, deux tonneaux pour l'eau et le son, un cuveau, deux seaux, quatre pots à lait, une écuelle et six cuillers de bois complètent l'inventaire des objets que le propriétaire confie au paysan. Il y joint, comme effets immobiliers, une table dont les pieds sont enfoncés dans le sol même de la cabane, plus un bois de lit et un banc si solidement enchâssés dans les parois qu'ils en sont inséparables.

Le paysan lui-même est propriétaire d'un oreiller de plumes, d'une couverture, et d'un drap de lit dont on se sert aussi en guise de panier pour aller au marché. Lorsque le seigneur poursuit un paysan en retard pour ses corvées ou ses redevances d'oies et de chapons, ce sont avant tout ces quelques objets qu'il saisit. Il semble, en quelque sorte, que le ménage ne soit si régulièrement pourvu d'un oreiller, d'un drap et d'une couverture, qu'en vue des saisies éventuelles.

Dans de pareilles conditions, il est bien difficile d'arriver à quelque bien-être, et si, par hasard, le paysan en trouve le moyen, son maître ne manque pas d'intervenir et de mettre la main sur son épargne, sous prétexte qu'un paysan n'a pas le droit de posséder plus qu'il n'a reçu. Cultive-t-il ses terres avec diligence, et obtient-il une belle récolte, le seigneur n'hésite guère à lui reprendre une partie de ses champs. A-t-il du bonheur avec son bétail, élève-t-il quelques taureaux, ou augmente-t-il le nombre de ses brebis, aussitôt le maître est là qui lui enlève l'excédant de ses animaux, soutenant qu'il ne lui est loisible d'élever une nouvelle tête de bétail, que lorsqu'une de celles qui font partie de son inventaire, a péri ou a dû être abattue.

Le paysan assez intelligent pour tirer parti de son bétail est donc obligé de se conduire en fripon s'il veut réaliser quelque bénéfice. Il dérobe à l'œil du maître les bêtes supplémentaires qu'il parvient à élever, et les conduit à son insu au marché où il espère les vendre; il n'échappe que par la ruse à la cupidité de son tyran. Le maître naturellement finit toujours par apprendre que le paysan a vendu du bétail, et il en exige le prix; le paysan le refuse sous tous les prétextes imaginables, et parvient parfois à le dérober à toutes les recherches, non sans avoir reçu par compensation une volée de coups de bâton ou de knout que le maître trouve quelque soulagement à lui administrer.

J'ai vu de mes propres yeux un paysan recevoir soixante coups pour un méfait de ce genre. L'exécution ne produisant aucun résultat, on la renouvela cinq fois successivement. Mais le paysan restait inébranlable, et refusait toujours de donner son argent ou d'indiquer l'endroit où il l'avait caché. Enfin lorsqu'au sixième supplice le malheureux déclara qu'il ne pouvait donner son argent parce que son patron, saint Antoine, lui avait ordonné en songe de souffrir la mort plutôt que de céder, la patience de son maître était à bout. Il s'empara furieux du knout que tenait son intendant, et, donnant encore de sa propre main quelques vigoureux coups au récalcitrant, il finit par lâcher prise en lui criant: Maintenant, coquin, garde ton argent.

A ces mots, le patient dont les hurlements de douleur remplissaient toute la cour, se re-

T. II, p. 22.

SEIGNEUR ET PAYSAN POLONAIS.

lève comme par magie, se jette aux pieds de son maître qu'il baise en les embrassant; de là se précipite sous la croix la plus voisine, et l'embrasse, elle aussi, avec des transports de joie, en criant: Mon Dieu! je te rends grâces, maintenant l'argent est à moi.

ASIE.

ASIE.

I.

Nankin et Pékin[1].

Le 23 avril 1867, le *Primauguet*, portant la légation française, quitta le Wampou pour s'engager dans le Yang-tze-kiang, que nous allions remonter de 200 milles.

Au bout de quarante-huit heures de navigation, nous arrivâmes devant Ching-kiang-fou. Cette ville, sans être ni très-vaste, ni très-belle, offre cependant un double intérêt commercial et historique. Située à la rencontre des deux grandes artères de la Chine, le Yang-tze et le Canal impérial, Ching-kiang sert d'entrepôt aux marchandises des pro-

1. Cet article est rédigé d'après les lettres inédites de M. Henri ZUBER, alors enseigne de vaisseau à bord du *Primauguet*.

vinces les plus reculées. Cette position a fait de la ville l'objet de bien des compétitions, et ses murs ont vu de nombreux assauts depuis la visite du navigateur vénitien Marco-Polo au treizième siècle. Sans remonter bien haut, on trouve que la ville de Ching-kiang a été prise et saccagée en 1842 par les Anglais, en 1853 par les Taïpings et en 1857 par les Impériaux. Il n'en resterait que des ruines si l'appât d'un gain assuré n'engageait pas de nouveaux habitants à réparer au fur et à mesure les désastres de la guerre. Le fameux Canal impérial qui relie Canton à Pékin, n'est plus, hélas! que l'ombre de lui-même. C'est en vain que le gouvernement chinois consacre chaque année une somme de 20 millions à son entretien; les mandarins rapaces emportent l'argent, et laissent la vase des fleuves accomplir lentement, mais sûrement, son travail d'engorgement; on peut déjà prévoir le temps où ce canal creusé aux douzième et treizième siècles ne sera plus navigable. Il faudra bien cependant y remédier, car il s'agit de l'existence de tout le nord de la Chine. Je n'en veux pour preuve que la fameuse expédition anglaise de 1842 qui, en interceptant le passage des jonques, imposa du premier coup un traité que la destruction de plusieurs villes importantes n'avait pas même fait entrevoir.

A deux heures de l'après-midi, nous mouillâmes devant Nankin, à la même place où vingt-cinq ans plus tôt une flotte de 75 voiles ayant remonté le fleuve sans pilotes, sans cartes et, qui plus est, sans vapeur, avait montré ses nombreux canons aux Chinois effrayés. Je consacrai la soirée à faire l'ascension d'une colline d'où la vue embrasse le panorama de toute la ville. Quelle grandeur! L'enceinte de murailles hautes de près de 20 mètres mesure 35 kilomètres de tour. Quand on est à l'une des extrémités de la ville sur une hauteur, l'autre extrémité se perd à l'horizon. Mais c'est à peine si l'on peut encore parler d'une ville, car, en réalité, il n'y a plus qu'une enceinte. A la place où s'élevait jadis une cité de trois millions d'habitants, on ne voit plus que des champs et des ruines.

L'œuvre de destruction commencée par le temps a été achevée par la main des hommes; les plus beaux monuments, ainsi que les plus pauvres demeures, ont été renversés sans pitié; ce qui subsistait après les ravages des rebelles est tombé sous les coups des Impériaux, si bien que de cette antique capitale du Sud, de cette véritable métropole de la Chine, si belle et si riche naguère, il ne reste, pour ainsi dire, qu'un immense amas de décombres, à la fois imposant et navrant. On ne peut considérer les ruines de Nankin, on ne peut voir les lichens et les liserons envahir les murailles noircies par le feu, ou le blé couvrir d'un tapis verdoyant l'enceinte des pagodes écroulées, sans faire un douloureux retour sur la fragilité des œuvres humaines les plus grandioses, soumises, toutes sans exception, à l'éternelle loi de transformation dont, nous aussi, nous serons un jour les victimes dans nos Londres et nos Paris somptueux.

Le 26, de bon matin, une embarcation du bord, montée par le ministre de France et plusieurs des officiers du *Primauguet*, s'engagea dans les fossés de la ville, qui suivent toutes les sinuosités de la muraille. Au bout de 3 heures d'une navigation rendue intéressante par les jonques que nous côtoyions, nous nous arrêtâmes en face d'une grande porte. Informations prises, nous apprîmes que nous avions déjà dépassé la Tour de porcelaine, but de notre promenade; on ne pouvait avoir une meilleure preuve de sa destruction complète, car elle était située tout au bord du fossé. Nous profitâmes cependant de notre méprise pour visiter la ville tartare et les ruines du palais impérial. En revenant sur nos pas, nous trouvâmes enfin ce que nous cherchions. En vérité, jamais œuvre de dévastation n'a été mieux accomplie. Il ne reste aujourd'hui de cette tour de porcelaine à neuf étages, de cette merveille du monde, qu'un vaste amas de briques de porcelaine et d'émaux brisés. Les barbares dont les mains sacriléges ont renversé cet édifice incomparable ont poussé leur fureur jusqu'à s'attaquer aux fondements, et ce n'est plus que par l'imagination que l'on peut se représenter cette tour de 75 mètres d'élévation, couverte de la base au sommet des plus ravissantes moulures. Tout près de cet ancien temple de la Reconnaissance s'élève aujourd'hui une fonderie de canons dirigée par un aventurier anglais.

En revenant à bord, nous y trouvâmes le consul français de Hankoa, avec lequel le ministre désirait conférer. Notre espoir de remonter le Yang-tze-kiang jusqu'à cette ville intéressante fut donc déçu, et le lendemain, nous redescendîmes tranquillement vers l'embouchure du Wampou, admirant les cultures qui bordent le fleuve, mais en somme peu enthousiasmés par cette nature uniforme.

Nous ne nous arrêtâmes dans les eaux du Wampou que 24 heures; nous nous préparâmes immédiatement à repartir pour le Nord, et dès le 2 mai, à 10 heures, nous jetions l'ancre en rade de Tche-fou, après une traversée très-remuante.

A Takou, où nous mouillâmes le lendemain, j'obtins l'autorisation de m'absenter en compagnie de trois de mes collègues, pour faire le voyage de Pékin. Les forts de Takou, situés à l'embouchure même du Pei-ho, ne présentent d'intérêt qu'au point de vue historique: on se rappelle les échecs et les succès des armes européennes sur ce point; aujourd'hui ces forts sont occupés par des troupes chinoises après l'avoir été jusqu'à la fin de 1865 par des marins français et anglais. La navigation du Pei-ho, extrêmement intéressante au point de vue maritime, ne l'est point du tout au point de vue pittoresque. L'absence complète de mouvements de terrain, l'apparence misérable des habitations, construites avec de la boue, la couleur jaune des eaux du fleuve, la pâleur d'un ciel toujours brumeux, enfin l'uniformité de la végétation laissent à l'artiste, à l'observateur peu sensible au mouvement commercial vulgaire, une profonde impression de tristesse et d'ennui. Depuis son embouchure jusqu'à Tien-tsin, le Pei-ho est encombré de jonques, surtout à cette époque de l'année, où le riz impérial, c'est-à-dire la contribution en nature est dirigée vers la capitale, dont elle assure la subsistance. Ce fait, joint aux surprenantes sinuosités du fleuve, en rend la navigation difficile: les abordages sont très-fréquents. Néanmoins le *Déroulède,* sur lequel nous avions pris passage avec la légation, se tira fort habilement d'affaire et nous déposa à la nuit à Tien-tsin.

Nous fûmes accueillis sur le quai par une armée de coulis très-désireux de nous soulager du poids de nos bagages. Grâce à une surveillance sévère, ils ne nous dérobèrent rien, et nous parcourûmes sans encombre le chemin bruyant et animé qui devait nous conduire chez notre hôte, M. S***. M. S***, riche négociant italien, qui habite la Chine depuis assez longtemps, exerce à l'égard des voyageurs une hospitalité qu'il est impossible d'oublier, tant elle est large et cordiale. Il nous donna sur le voyage de Pékin des renseignements et des conseils que son expérience rendait précieux et auxquels nous dûmes d'éviter plusieurs fautes généralement commises par les novices.

J'employai la matinée du 5 mai à visiter

la ville de Tien-tsin, dont les rues très-animées offrent cet intérêt pittoresque qui ne fait presque jamais défaut aux cités de l'extrême Orient. Le consulat français, placé sur une langue de terre au bout de laquelle s'opère la jonction du Grand Canal avec le Pei-ho, est peut-être le monument le plus remarquable de Tien-tsin, sans qu'il soit du reste très-beau en lui-même. La rive gauche du fleuve, depuis notre consulat jusqu'à 2 kilomètres plus bas, est couverte d'immenses tas de riz, très-imparfaitement protégés contre les intempéries de l'air. A voir la négligence qu'apportent les mandarins à la conservation de ce riz, qui constitue la base de l'impôt, on n'est plus surpris de la pauvreté du gouvernement chinois.

Vers 3 heures, les voitures étant prêtes, notre passe-port chinois dûment timbré et paraphé, nous prîmes congé de M. S*** et nous mîmes en route.

On ne se fait peut-être pas, en Europe, où l'on est gâté par le comfort des chemins de fer, une idée bien exacte de ce qu'un voyage par terre représente en Chine de petits martyres et quel mérite ont les hommes assez hardis pour en affronter les fatigues. Plaisanterie à part, les chaises de poste chinoises vous font subir, sauf les clous de fer, le supplice de Régulus: qu'on se figure une cage au toit bombé, mesurant à peine un mètre dans tous les sens, recouverte d'une toile bleue et posée à même sur un essieu soutenu par deux roues à peine rondes, le tout mis en mouvement par deux mules attelées en arbalète et un cocher qui crie: Hue!... pour arrêter son équipage. Qu'on veuille bien se représenter ensuite une route dont nul agent voyer ne prend la peine de combler les ornières; une poussière qui est proverbiale et dont le calme atmosphérique le plus parfait ne vous préserve pas; qu'on ajoute à tout cela une température moyenne de 40° cent., et l'on imaginera peut-être une partie des souffrances endurées par un pauvre voyageur, obligé de se racoqueviller pour tenir dans sa boîte, et se heurtant à chaque tour de roue la tête, les coudes et les genoux contre les parois rigides de la cage.

Nous étions en route depuis une heure à peine quand le *vent jaune* se leva tout à coup. Le vent jaune, qui vient en ligne directe des steppes de la Mongolie, est généralement froid et violent; en passant sur le sol si léger du nord de la Chine, il enlève d'immenses tourbillons de poussière assez épais pour intercepter les rayons du soleil et comparables aux nuages de sable du Sahara. En un instant, effectivement, la nature entière disparut à mes yeux; je fermai les paupières et la bouche, je respirai au travers d'un mouchoir et me laissai conduire par mon équipage qui supportait héroïquement la furie des éléments. Enfin à 8 heures du soir, nous atteignîmes le terme de notre première étape. C'était une auberge assez grande et assez sale, la plus belle du village de Yang-soun. Quand mon camarade L***, qui a la barbe noire, descendit de sa carriole, je jetai un cri d'effroi: il avait la barbe blanche! mais je me rassurai vite et ne tardai pas à constater que j'avais aussi un air de meunier malade. Après un souper à la chinoise sans nids d'hirondelles et sans ailerons de requins, nous nous livrâmes à un sommeil qui ne fut troublé que par les rats, les puces, les cancrelats et les moustiques.

A 4 heures, le lendemain, nous étions de nouveau en route. Cette fois, la pluie vint à propos pour faire tomber la poussière, de sorte qu'à part l'ennui d'une route désespérément monotone, la journée ne fut pas trop rude.

Enfin, au milieu du troisième jour, les hautes murailles de Pékin se dressèrent subitement devant nous. Le premier aspect de la capitale chinoise est imposant, et malgré tout le mépris que peuvent inspirer la corruption et la décadence de ce vaste empire, on ne peut se défendre d'un sentiment de respect en franchissant les portes monumentales de sa capitale. Sous l'immense voûte de la première porte, un soldat déguenillé nous arrêta pour examiner notre passe-port. Quand il l'eut suffisamment tourné et retourné entre ses doigts crasseux, il nous laissa le passage libre, mais, sous les entrefaites, il s'était formé un embarras de voitures; en Chine, quand pareil accident arrive, il n'y a qu'à prendre patience; non que le dégagement y soit plus difficile à opérer qu'ailleurs, mais la manie de discuter y est tellement invétérée qu'on saisit le premier prétexte venu pour se livrer à d'interminables criailleries. Chaque passant donne son avis, mais personne ne travaille; enfin, quand on a bien raisonné, quand le sujet est épuisé, un simple coup d'épaule remet tout en ordre; cette fois il se passa bien vingt minutes en inutiles pourparlers.

Pékin se compose d'une ville chinoise et d'une ville tartare. La première, située au sud, existait plusieurs siècles avant J.-C., et jusqu'à ce jour elle a conservé un caractère exclusivement chinois. Elle forme un rectangle orienté de l'est à l'ouest; comme la ville tartare, elle est entourée de magnifiques murailles. La ville tartare représente un carré, dont l'un des côtés s'appuie sur la face septentrionale de la ville chinoise; deux enceintes concentriques la divisent en trois parties: le carré central contient le palais du Fils du ciel et ses dépendances; quelques jésuites du dix-septième siècle sont les seuls Européens qui aient pu y pénétrer. La seconde enceinte renferme les palais des hauts mandarins, les parcs impériaux et les habitations de la garde impériale. Enfin, l'espace qui sépare la seconde enceinte des murailles extérieures est habité par des marchands et surtout par les « Tartares des huit bannières » (régiments d'élite). Eu égard à l'antiquité de l'empire, la ville tartare est de fondation assez récente: elle doit son origine à Koubilaï-Khan, petit-fils de Gengis-Khan (treizième siècle). Lorsque quelque cent ans plus tard la grande révolution nationale renversa la domination mongole, les empereurs chinois abandonnèrent Pékin pour Nankin; mais, constamment inquiétés par les hordes barbares du Nord, ils ne tardèrent pas à revenir dans leur ancienne capitale, d'où ils pouvaient mieux surveiller et repousser les attaques incessantes de leurs belliqueux voisins. Les murailles de Pékin furent impuissantes à arrêter l'invasion

siné d'après nature par H. Zuber.

T. II, p. 38.

VUE D'UNE PORTE DE PÉKIN.

tartare du dix-septième siècle, qui se termina par l'asservissement de tout l'empire. C'est sous la dynastie intelligente des Mings que Pékin atteignit l'apogée de sa splendeur et que l'on exécuta les admirables travaux qui témoignent du haut degré de civilisation atteint à cette époque dans l'empire du Milieu.

Lorsque nos véhicules eurent franchi l'avenue dallée qui conduit de la première à la seconde porte, nous nous trouvâmes au milieu de la plus belle rue de la ville chinoise. A notre droite se dressaient les toits azurés du temple du Ciel, où l'empereur vient demander la pluie, et à notre gauche, ceux du temple de l'Agriculture. Il y a trois ans, on pouvait visiter ces temples qui sont, paraît-il, d'une rare magnificence; mais, depuis, l'entrée en a été rigoureusement interdite aux *barbares*. Le curieux spectacle qui se déroulait sous nos yeux, nous fit promptement oublier cette petite déconvenue. Comment décrire cette rue? Comment donner une idée nette de cet incroyable fouillis de couleurs et de formes, de cette population si différente des nôtres se pressant, se bousculant, s'enchevêtrant entre des maisons aux apparences contournées, autour de boutiques auxquelles nulle boutique européenne ne ressemble? Force nous est de mettre de l'ordre dans ce qui n'est que confusion, que pittoresque désordre, et de demander au lecteur de suppléer par l'imagination à ce que toute description aura nécessairement de froid et d'incomplet, comparée à la réalité.

La rue est large comme un boulevard; les devantures des magasins forment le cadre du tableau. Elles consistent généralement en 3 ou 4 mâts verticaux, reliés à mi-hauteur par des boiseries sculptées et des balustrades découpées, le tout doré ou bariolé des couleurs les plus vives. En avant des devantures et perpendiculairement se dressent d'énormes enseignes en bois, maintenues dans une position verticale par un socle de pierre et couvertes de grands caractères de toutes les nuances. Au haut des mâts flottent des banderoles; les portes sont garanties par des rideaux d'étoffes voyantes; et si l'on pénètre dans l'intérieur des boutiques, quelle variété de produits, combien de beaux objets accumulés dans un petit espace !

Le sol même de la rue semble avoir été agité par une convulsion de la nature, tant il est raboteux et inégal. Il n'en disparaît pas moins sous les étalages en plein vent, les troupes de badauds, les caravanes de chameaux, les files de voitures, les cortéges de mandarins. Comment il se fait que dans ce méli-mélo, assaisonné d'une poussière suffocante, il n'arrive jamais un accident ; que les voitures inclinées à 45° ne versent pas ; que les marchands ambulants, installés sans façon au milieu de la chaussée, n'éprouvent aucun dommage ; que les mendiants et les estropiés postés sur le passage des voitures et des bêtes de somme ne soient jamais écrasés, je ne me charge pas de l'expliquer : on dit qu'il y a un dieu pour les ivrognes ; j'affirme qu'il y en a un aussi pour les Chinois de Pékin.

Une des portes de la ville tartare s'offrit à nous au moment où la cohue, d'ailleurs si pittoresque, de la ville chinoise, commençait à nous peser. Nous la franchîmes et, aussitôt, un silence relatif succéda au tapage. Ici nous nous séparâmes, deux de mes camarades devant loger à la Mission, tandis qu'un Français avait offert à M. de *** et à moi l'hospitalité à la douane européenne.

Notre hôte, qui était un homme très-distingué et très-instruit, nous reçut à bras ouverts et s'empressa de nous donner les soins que réclamait notre état, c'est-à-dire, qu'il nous fit préparer des bains et un repas solide. Quand nos estomacs furent consolés de leurs récentes mésaventures, il nous resta encore assez de courage pour résister aux séductions du repos et entreprendre une promenade dont M. le professeur B*** voulut bien être le guide.

Pour parvenir à l'Observatoire, but de notre promenade, nous traversâmes une partie de la ville tartare de manière à gagner la muraille de l'Est. Les rues étroites et silencieuses, bordées des masures à demi ruinées qui abritent les soldats de l'empereur, nous firent une triste impression. Le temps n'est plus où les derniers conquérants de la Chine vivaient dans l'abondance et l'oisiveté; ils sont aujourd'hui plongés dans une misère que chaque jour rend plus profonde. Ne recevant plus depuis bien des années qu'une faible partie de leur solde, ces malheureux, que la loi autant qu'une répugnance naturelle éloigne de toute profession commerciale ou industrielle, tombent fatalement aux derniers échelons de la pauvreté; les plus avisés, profitant d'une tolérance trop naturelle de l'autorité, prennent alors le chemin des steppes du Nord et retournent à la vie nomade de leurs pères; mais la plupart, amollis par le séjour des villes, se laissent mourir de faim.

Les instruments de l'Observatoire sont établis à ciel découvert sur la plate-forme d'une tour carrée qui fait corps avec la muraille. J'avais beaucoup entendu vanter ces instruments, mais je ne m'attendais pas à me trouver en face de véritables chefs-d'œuvre. On ne peut rien imaginer de plus parfait comme matière, de plus original et de plus élégant que les montures en bronze de ces grands appareils : je citerai surtout une sphère armillaire de près de 2 mètres de diamètre, supportée par des dragons, qui est d'un travail incomparable. Il va sans dire que le bureau des mathématiques de Pékin tient les lunettes méridiennes, les cercles azimuthaux et les astrolabes en beaucoup trop grand respect pour se permettre d'y toucher. Les leçons du P. Verbiest sont depuis longtemps oubliées et voici bien des années que les alidades n'ont suivi dans le ciel la marche des planètes ou la course échevelée des comètes. Ce n'est pas sans fierté que l'on évoque le souvenir de ces pères jésuites qui au dix-septième siècle, sous le règne de l'empereur Kang-hi, ont donné les plans de l'Observatoire et initié la Chine à l'astronomie. Mais on se demande lequel est le plus beau du calcul qui a fixé la forme et les dimensions des instruments, ou de l'art infini qui a présidé à leur construction.

Du sommet de l'Observatoire, on a vue, à l'ouest, sur la ville tartare, où brillent les toits jaunes et verts du palais impérial; à l'est, sur la campagne sablonneuse; enfin, au nord et au sud, sur la muraille, qui offre une perspective vraiment grandiose. Au pied même de la tour on découvre le Wen-hio-kiong, le palais des lettrés. Cet établissement, composé en majeure partie de cellules disposées symétriquement par rapport à un petit temple de Confucius, est destiné aux examens des mandarins. C'est là que les jeunes lettrés prennent leurs premiers grades; aucun de ceux qui se destinent à l'administration n'est dispensé des compositions obligatoires. Mais la faveur s'est glissée là comme dans bien d'autres endroits, et je me suis laissé dire que les examens n'étaient pas très-honnêtes.

Les murailles de Pékin doivent compter au nombre des grands travaux entrepris par l'humanité. Quand on songe qu'avec une hauteur d'environ 15 mètres et une épaisseur de 8, elles s'étendent sur une longueur de 25 kilomètres, on est épouvanté du temps, des efforts et de l'argent que représente cette gigantesque construction. Les premières assises sont en pierre de taille; le reste, en brique et en béton. La partie supérieure, qui forme une large chaussée, est entièrement pavée de larges dalles. A tous les cent mètres à peu près, un bastion fait saillie à l'extérieur; enfin, les portes, en grand nombre, sont protégées par des demi-lunes et des forts à trois étages d'embrasures, qui les surmontent.

Le gong annonçait le dîner quand nous rentrâmes à la douane.

Le lendemain, de bonne heure, nous étions de nouveau en voiture. Arrivés à la porte orientale de la seconde enceinte, nous vîmes défiler un enterrement pour lequel l'administration des pompes funèbres avait sans doute déployé toutes ses magnificences. Le cortége était ouvert par une centaine de pauvres diables, ramassés dans les rues, affublés d'un uniforme vert d'une propreté équivoque et coiffés d'un chapeau à aigrette rouge; ils marchaient sur deux rangs, portant des écriteaux de laque rouge, des panaches, des hallebardes, etc. Le corbillard, immense palanquin doré et laqué, venait ensuite porté par une vingtaine de drôles d'aussi piètre mine que les précédents; derrière venaient des pleureuses, des bonzes, etc. Ce qu'il y a de plus étrange, c'est que cet enterrement pouvait très-bien être celui d'un homme relativement pauvre. Il est de règle en Chine que les funérailles se fassent avec pompe; un fils doit se ruiner, s'il le faut, pour enterrer convenablement son père, et tandis que dans notre vieille Europe la grosse affaire est de s'occuper de la vie et des vivants, en Chine, les obsèques sont de toutes les cérémonies les plus importantes; pour le Chinois, le cercueil est véritablement la dernière demeure, aussi ne voit-on nulle part ailleurs ces magnifiques magasins de cercueils qui contiennent, dans l'espèce, de véritables objets d'art.

Au moment où nous arrivâmes devant la porte du palais impérial, les mandarins qui avaient assisté au lever, qui a lieu à 5 heures, et conféré avec les ministres, en sortaient, les uns à cheval, d'autres en voiture; deux ou trois seulement parmi le grand nombre s'épanouissaient dans des palanquins : à Pékin ce mode de locomotion est réservé aux plus hauts fonctionnaires et au personnel des légations. Nous vîmes défiler devant nous des costumes très-riches, des boutons de toute couleur, mais, chose singulière ! peu de physionomies intelligentes; il ne fallait guère de perspicacité pour constater les tristes effets de l'opium.

Le plus court chemin de la douane à la Mission, où nous nous rendions, aurait été de traverser le palais impérial. Mais n'étant pas jésuites et vivant au dix-neuvième siècle, l'idée ne nous vint pas d'élever aussi haut nos prétentions ; nous nous contentâmes de longer les murailles rouges en admirant les toits brillants qui les dépassaient. Bientôt nous aperçûmes la *montagne de Charbon*, ainsi nommée parce qu'un des empereurs chinois, menacé par les Tartares d'un siége prochain, aurait, dit-on, amassé en cet endroit une immense provision de houille ; il paraît que cette houille n'a jamais été consommée et que l'empereur a jugé préférable de recouvrir le tas d'une couche de terre et d'y planter des arbres; toujours est-il que la montagne de Charbon est aujourd'hui un parc admirable, semé de kiosques, comme les Chinois seuls savent en dessiner. Tout près de là, le *pont de Jade* nous montra ses balustrades de marbre blanc; nous nous y arrêtâmes pour jouir à l'aise du plus beau point de vue de Pékin. Le pont de Jade relie les deux rives de ce que les Chinois nomment prétentieusement *la mer du Milieu*, mer dépourvue d'eau depuis des années et dont les bords sont occupés par les parcs impériaux. Une foule d'édifices curieux sollicitent en cet endroit l'attention du voyageur. C'est d'abord le *Paï-tha-sse*, étrange monument qui recouvre les cendres du dernier des Mings, et une vaste pagode où les princes impériaux passent leurs examens. Le Paï-tha-sse, bâti au sommet d'une éminence boisée, ne ressemble en rien aux édifices chinois; sa coupole blanche, surmontée d'une tour mince, rappelle plutôt l'architecture mauresque, et si l'on ne voyait tout autour des toits tourmentés couverts de tuiles émaillées, on pourrait se croire bien ailleurs qu'à Pékin.

Dans le jardin qui entoure le Paï-tha-sse se trouve un arbre immense, dont les branches sont chargées de chaînes. Au moment où les Tartares vainqueurs pénétrèrent dans la ville, le dernier empereur Ming résolut de s'ôter la vie et se pendit à cet arbre. Le nouveau souverain, jaloux de conserver le prestige du trône qu'il venait d'usurper, fit faire de splendides funérailles à son malheureux prédécesseur et condamna l'arbre, coupable d'avoir prêté ses branches au suicide d'un Fils du ciel, à porter des chaînes jusqu'à la fin de ses jours.

Quand notre regard eut bien fouillé tous les recoins, sondé tous les bocages, que nous fûmes certains de n'avoir laissé passer inaperçu ni kiosque, ni pont, ni aucun objet digne d'examen, nos cochers reçurent l'ordre de se remettre en route. Ils y réussirent, mais non sans peine: le curieux spectacle de deux barbares, dont l'un dessinait, avait attiré autour de nous, sans que nous y eussions pris garde, une foule compacte et, je me hâte de le dire, complétement inoffensive; le peuple chinois, dans le Nord du moins, a le caractère le plus bénin et les étrangers peuvent se promener dans les rues de Pékin, sans avoir à craindre, comme au Japon, une insulte ou une attaque.

A la Mission, on nous montra naturellement l'établissement dans toutes ses parties, à commencer par la cathédrale (*Peh-tang*) bâtie par les Chinois sur les plans du P. Marti. Elle est de style gothique avec deux tours, hautes de 20 mètres, qui causent bien du chagrin à l'empereur de la Chine: en 1860, au moment où tous les mandarins avaient la tête perdue, on accorda un peu inconsidérément la permission de bâtir l'église, sans faire attention à la hauteur indiquée sur les plans; mais lorsque les tours furent achevées, on s'aperçut que de leur sommet la vue plongeait dans l'enceinte du palais impérial. De là, grande rumeur; les mandarins réclament, mesurent et finissent par se convaincre que la construction était fidèlement restée dans les limites stipulées. Comme les pères lazaristes ne se montrèrent pas disposés à démolir leurs clochers, force fut à Sa Majesté chinoise d'exhausser les murs de son palais: on y travaille encore! La Mission proprement dite et l'orphelinat, dirigé par des sœurs, sont des bâtiments très-simples, mais bien conçus. Un grand parc, planté de beaux arbres, offre, quand par hasard il n'y a pas de poussière, une belle promenade.

Notre soirée se passa fort agréablement à la légation de France, qui est un ancien palais de haut mandarin et, par conséquent, une belle demeure.

Notre intention était de consacrer la journée du lendemain, 9 mai, au palais d'été (*Yuen-min-yuen*). Nous nous mîmes en route dès 6 heures du matin sous l'obligeante direction de l'un des missionnaires, le P. C***. Avant de sortir de la ville par une des portes de l'Ouest, nous passâmes près d'un monument assez semblable au Paï-tha-sse, mais moins bien situé, au-dessous duquel, dit-on, est enfoui un orteil de Bouddha. La route du palais est gracieuse et généralement bien ombragée; à mi-chemin de Yuen-min-yuen se trouve le cimetière portugais, qui a toujours été respecté par les Chinois, même au temps des plus cruelles persécutions. Les tombes, d'un modèle uniforme, sont rangées des deux côtés d'une avenue centrale terminée par un grand autel de pierre blanche surmonté d'un crucifix. De grands arbres projettent leur ombre séculaire sur le silencieux asile où reposent les anciens missionnaires de la Chine. On ne peut songer sans émotion à ces intrépides et savants apôtres qui, soutenus par leur foi seule et sans l'appui ni de traités, ni de baïonnettes européennes, ont fait de si grandes choses. Plus loin, on rencontre un second cimetière, celui des lazaristes, où dorment sous un disgracieux mausolée les victimes de la dernière guerre. Jusqu'à notre approche de Yuen-min-yuen, le temps avait été fort agréable; mais tout à coup un énorme nuage de poussière parut à l'horizon et, s'avançant rapidement, déroba successivement à nos regards tous les plans du paysage.

C'était le *vent jaune*. Bientôt nous fûmes enveloppés dans le tourbillon; il fallut s'arrêter et s'abriter derrière les voitures sous peine d'être aveuglé et étouffé. Quand la première violence de l'ouragan se fut apaisée, nous nous hâtâmes de gagner les ruines du palais d'été.

On n'aborde pas sans un serrement de cœur ces lieux où s'étalaicnt naguère toutes les merveilles de la civilisation la plus raffinée, et que des mains européennes ont convertis en un champ de désolation. Le palais, ou plutôt les palais (car il y en avait 17), de Yuen-min-yuen, était bâti sur les flancs d'une grande colline artificielle dont le versant septentrional plonge dans un petit lac. Au milieu du lac, un îlot, relié à la terre par un magnifique pont de marbre blanc, porte les ruines d'un des châteaux. Au milieu de la dévastation universelle, quelques édifices rigoureusement gardés par les alliés sont restés debout comme pour témoigner de l'ancienne splendeur de ces lieux enchanteurs. Je citerai tout d'abord la pagode du sommet, qui s'élève sur une gigantesque terrasse en maçonnerie dont la base baigne dans le lac, et à laquelle on arrive par une série d'escaliers, assez mal conservés, en saillie sur le revêtement extérieur de la terrasse. Si l'ascension est quelque peu pénible par suite de la dégradation des marches, on est bien récompensé de ses efforts par l'examen du monument. Cette pagode est recouverte, dans toute sa hauteur, de briques émaillées, délicatement fouillées et sculptées; sans doute elle n'est pas belle dans le sens que nous attachons habituellement à ce mot, mais on ne peut se défendre d'un sentiment d'admiration en présence de ces détails si ingénieux et si soignés, de cette matière si parfaite, et, si j'osais m'exprimer ainsi, de l'harmonie criarde de l'ensemble. Puis, quand on est las de la contemplation de ces beautés plus ou moins conventionnelles, on n'a qu'à tourner la tête pour trouver d'autres sujets d'admiration moins rares assurément, mais aussi plus indiscutables, c'est-à-dire les paysages tout à la fois originaux et gracieux que le regard embrasse des deux côtés de la colline. A droite et à gauche de la grande terrasse se dressent deux édifices également bien conservés et très-dignes d'attention: l'un est une petite pagode tout en bronze et en marbre blanc; l'autre se compose de trois pavillons, aux toits verts supportés par des charpentes laquées, au centre desquels on remarque un énorme monolithe chargé de caractères.

En franchissant la crête de la colline, on est immédiatement frappé par l'aspect d'une charmante tour à sept étages qui s'élève intacte au milieu d'un amas de décombres. La conservation en est-elle due au respect de l'art ou bien au hasard seul? Je ne saurais le dire, mais il aurait fallu des Vandales pour oser mettre la main sur ce parfait modèle d'élégance et de grâce coquette. Quand j'aurai parlé de ses toits recourbés, de ses corniches aux formes bizarres et variées, de l'harmonieuse proportion des étages, des éclatantes couleurs qui parent les toits et les parois, de ce beau bleu céleste succédant au jaune d'or ou au violet, je n'aurai encore donné qu'une faible idée du charme de cet édifice; il faut avoir vu le soleil se jouer dans les mille détails des balustrades et des sculptures et ruisseler sur les tuiles toutes resplendissantes de ses feux. Un peu plus bas, c'est la nature qui vous réserve par sa richesse de nouvelles extases. Une rivière, traversée par des ponts de marbre au dos voûté, tout enguirlandés de lierre, coule sous l'ombre épaisse de magnifiques arbres qui des deux rives s'inclinent vers ses eaux transparentes; çà et là d'élégants pavillons discrètement dissimulés par la végétation s'élèvent au bord du fleuve; plus loin, un petit ruisseau roule plein de colère le long de la colline et vient en murmurant se perdre dans la rivière dont des roches entassées contrarient le cours. On sent qu'un art véritable a tout disposé de manière à ne provoquer aucun sentiment extrême et à ne favoriser que la mélancolie voluptueuse et la tendre rêverie.

Il y aurait à noter bien d'autres choses à Yuen-min-yuen, mais je ne puis avoir la prétention d'en dresser ici le catalogue complet;

nous ne nous sommes naturellement arrêtés qu'aux objets principaux.

Après avoir jeté un dernier coup d'œil sur l'ensemble, nous remontâmes dans nos carrioles qui prirent une route différente de celle qui nous avait amenés. Trois quarts d'heure de cahotement sur une route dallée nous conduisirent devant une pagode très-vaste sinon très-belle, au seuil de laquelle plusieurs bonzes nous accueillirent avec force «*tchin-tchin*» (bonjour), en nous engageant à les suivre à l'intérieur. Bien que ne sachant pas au juste quelle surprise ils nous réservaient, nous nous laissâmes guider par eux et, après avoir traversé quatre vastes cours silencieuses, nous entrâmes dans une sorte de gros pavillon en bois. Un cri d'admiration et d'étonnement sortit de nos lèvres: nous étions en face d'une énorme cloche, une véritable merveille. Cette cloche, la plus grande du monde, a, d'après nos mesures, 5^m,20 de haut et 3^m,50 de diamètre, elle doit peser environ 80,000 kilos. Mais ce qui est plus remarquable encore que les dimensions et le son de la cloche, ce sont les 800,000 caractères thibétains *en relief*, qui la recouvrent à l'extérieur comme à l'intérieur et dont pas un seul n'est défectueux malgré leur extrême complication: je ne sais quelle serait l'impression d'un de nos fondeurs européens en présence de cette merveille.... Les Chinois ont bien réussi à fondre la cloche, mais ils n'ont pas su la transporter à l'endroit auquel elle était destinée. Voilà pourquoi elle se trouve dans un édifice indigne d'elle, bâti tout exprès pour l'abriter, à la place même où elle avait été fondue.

Rentrés à la douane à 7 heures, nous n'eûmes rien de plus pressé que de nous coucher; la fatigue commençait à être excessive, nous en étions presque malades.

Le lendemain nous trouva un peu calmés, néanmoins notre enthousiasme commençait à être couvert d'une couche de poussière. Ce fut donc plutôt par raison que par l'effet d'un entraînement irrésistible que nous remontâmes dans nos carrioles, qui, cette fois, devaient nous conduire aux *temples de Confucius* et *des dix mille lamas*, situés, près l'un de l'autre, à l'angle nord-est de la ville tartare. Le premier se compose principalement d'un grand bâtiment circulaire, assez simple, couvert d'un toit pointu vert, et renfermant une statue du grand philosophe qui est, avec Mencius, l'oracle des lettrés. Le temple des dix mille lamas, beaucoup plus intéressant à mon avis, contient de grandes richesses; l'enclos est formé de nombreux et vastes bâtiments, uniformément couverts de tuiles vernissées, séparés par de belles cours plantées d'arbres et ornées de statues allégoriques ou de pierres commémoratives. Parmi les lamas, qui ne sont pas dix mille, mais qui semblent néanmoins assez nombreux, les uns promènent silencieusement sous les ombrages leurs têtes rasées et leurs robes rouges, en égrenant leur chapelet; les autres tournent les moulins à prières ou se livrent au repos après cette fatigante opération. Le couvent recèle un Bouddha vivant, une rareté que malheureusement nous ne pûmes voir. Il n'existe qu'un très-petit nombre de ces personnages.

D'après le P. Huc[1], les plus célèbres sont le Talé-Lama, qui réside à Lha'Ssa (Thibet); le Bantchan-Remboutchi, à Djachi-Loumbo; le Guison-Tamba, dans la fameuse lamaserie mongole du Grand-Kouren; à Pékin, le Tchan-kia-Fo, espèce de grand-aumônier de la cour impériale; enfin, le Sa-Dcha-Fo, dans le pays des Ssamba, au pied des monts Himalaya. Il y a, parmi les Bouddhas vivants, une hiérarchie dont le Talé-Lama occupe le sommet: tous reconnaissent ou doivent reconnaître sa suprématie.

On ne peut visiter le temple des dix mille lamas sans éprouver un sentiment de recueillement qui n'est pas habituel dans les pagodes de la Chine; on se sent en présence d'une croyance plus élevée et sincère. J'ajoute que les lamas, prêtres du Bouddhisme réformé par Gautama au sixième siècle avant J.-C., ressemblent très-peu aux bonzes; au dire du P. Huc, qui est peu suspect de partialité, les lamas, au contraire des bonzes, sont des hommes en général vertueux et souvent instruits.

1. *Souvenirs d'un voyage dans la Tartarie et le Thibet.*

Le samedi, 11 mai, nous fîmes encore un grand tour dans la ville. Le *temple de la Lumière,* qui nous arrêta en premier lieu, est, quoique de dimensions relativement faibles, un des jolis monuments de Pékin. C'est un élégant édifice circulaire en laque rouge, couronné par un auvent et un toit pointu recouverts de tuiles bleues, et auquel on arrive par six escaliers de marbre blanc, donnant accès à une petite terrasse qui permet d'en faire le tour. Rigoureusement nous eussions dû nous borner à admirer l'extérieur, car le temple est une dépendance immédiate du palais impérial, dont l'entrée est interdite aux étrangers; mais le gardien ne sut pas résister à quelques *tiaos* (billet de banque chinois valant 80 centimes) que nous lui glissâmes dans la main.

L'église de Nan-tang (*temple du Sud*), que nous visitâmes ensuite, est de construction assez ancienne. Elle date de la fin du dix-septième siècle, époque où le christianisme, protégé par la cour, se propageait rapidement. Mais pendant de longues années cette église,

T. II, p. 64.

Dessiné d'après nature par H. Zuber.

LE TEMPLE DE LA LUMIÈRE, A PÉKIN.

peu remarquable d'ailleurs au point de vue architectural, fut détournée de son objet primitif et la croix n'a reparu sur son dôme que depuis la dernière guerre. Quelques pères lazaristes desservent la paroisse, beaucoup moins importante que celle du Peh-tang (*temple du Nord*).

Une visite aux splendides magasins de la ville chinoise termina notre journée. Nous y vîmes des vases en bronze cloisonné, des laques, des bronzes superbes, des pierres précieuses de toute beauté; mais nous nous contentâmes modestement du rôle de spectateurs.

Le lendemain, dimanche, à 3 heures, nous remontions dans nos maudites carrioles, cette fois pour regagner le *Primauguet*. Heureusement notre course en voiture devait être moins longue qu'à l'aller, car nous avions retenu à l'avance des barques pour le trajet de Tong-tcheou à Tien-tsin. Les souvenirs épars sur la route en abrégèrent encore l'ennui; c'est ainsi que nous vîmes avec intérêt le fameux pont de Pa-li-kao sur le marbre duquel les boulets français ont laissé des traces. A la nuit tombante nous atteignions les murailles ruinées de Tong-tcheou et, après avoir traversé ses rues étroites et sales, nous arrivâmes enfin au Pei-ho, où nous trouvâmes sans difficulté nos nouveaux moyens de transport. Il ne faudrait pas s'exagérer le comfort d'un bateau chinois, mais après le supplice que nous avions enduré dans nos carrioles, nous jouîmes bien vivement du calme, de l'absence de poussière et de la commodité relative que nous procura le trajet par eau.

Le mercredi 15, au matin, nous étions à bord du *Déroulède*, qui nous déposa vingt-quatre heures après en bonne santé, mais bien fatigués, à bord de notre corvette.

T II, p. 68.

POLITESSE CHINOISE.

II.

Politesse chinoise.

Pendant notre séjour dans les Missions du Nord, raconte le missionnaire Huc[1], nous fûmes témoins d'un singulier incident, qui peint du reste admirablement les Chinois.

A l'occasion d'une grande fête, nous nous étions décidés à célébrer le service divin dans la maison du premier catéchiste du village, parce qu'il s'y trouvait une assez grande chapelle. Les chrétiens des villages environnants s'y rendirent en foule. Le culte fini, le propriétaire de la maison, se plaçant au milieu de la cour, se mit à crier à tous les fidèles qui sortaient de la chapelle : « Qu'aucun de vous ne s'en aille, je vous invite tous à manger un plat de riz ! »

1. Dans son intéressant ouvrage intitulé *l'Empire chinois*.

Il leur faisait, à chacun en particulier, toutes les instances imaginables, mais les uns après les autres avaient une excuse prête, et se retiraient sans hésiter. Notre homme semblait au désespoir, et retenant de force un de ses parents, qui se dirigeait aussi vers la porte: « Comment, lui dit-il, toi mon cousin, tu veux aussi partir? c'est fête aujourd'hui, il faut que tu restes.

— Non, n'insiste pas, j'ai plusieurs affaires qui m'attendent à la maison.

— Des affaires! mais n'est-ce pas un jour de repos? je ne te laisse pas partir. » — Et ce disant, il le retenait par son vêtement, en le suppliant de boire du moins avec lui quelques verres de vin, s'il était décidé à refuser son riz.

Le cousin, sur tant d'instances, finit par céder, et entre dans la maison.

« Allons, crie son hôte, sans appeler du reste aucun serviteur, qu'on chauffe du vin, et qu'on prépare deux œufs frits. »

En attendant, on se met à fumer; le temps passe; de vin et d'œufs, plus la moindre mention.

Le cousin, qui était peut-être pressé comme il l'avait dit au début, finit par demander si le vin paraîtrait bientôt.

« Du vin ! s'écrie son hôte dans le plus profond étonnement ; du vin ! mais je n'ai pas de vin ! tu sais bien que je n'en bois pas, et d'ailleurs il me rend malade.

— Alors, pourquoi m'as-tu donc tant tourmenté et retenu? tu aurais bien pu me laisser m'en retourner chez moi tranquillement.... »

A ces mots, l'hôte se leva en colère : « Je voudrais savoir d'où sort un malotru comme toi, s'écria-t-il; comment! j'ai la politesse de t'inviter à boire du vin, et toi, tu es assez mal élevé pour ne pas refuser mon invitation? où donc as-tu appris à vivre? sans doute chez les Mongols ? »

Le cousin, s'apercevant qu'il venait de commettre une balourdise, balbutia quelques excuses, bourra sa pipe, la ralluma, et s'en alla tout confus.

Nous avions été témoins de cette petite scène et ne pouvions nous empêcher de rire; mais notre hôte, lui, ne riait pas, il était dans la plus grande irritation, et nous demanda si de notre vie nous avions vu un homme ridicule et absurde à ce point.

«Je n'aurais jamais cru, ajouta-t-il, que mon cousin fût aussi borné! n'est-il pas évident qu'un homme bien élevé doit rendre les politesses qu'il reçoit, et, par conséquent, refuser ce qu'on lui offre?»

Voilà un exemple entre mille de ce que valent les bruyantes démonstrations de la politesse chinoise; grâce à elles, les habitants du Céleste-Empire se donnent à peu de frais l'apparence de la générosité et du dévouement, ils vous comblent d'invitations et d'offres de service, que vous êtes tenu de ne pas accepter. Le tout est une pure simagrée.

T. II. p. 71.

UNE PÊCHE EN CHINE.

III.

Une pêche en Chine.

La pêche la plus originale à laquelle j'aie jamais assisté, se pratique en Chine à l'aide d'une espèce de cormorans que l'on dresse à ce métier et qui y deviennent d'une adresse surprenante. Ces oiseaux sont fort remarquables; j'en ai souvent rencontré au bord des canaux ou des lacs, dans l'intérieur du pays, et si je n'avais été témoin oculaire de leur merveilleux savoir-faire, j'aurais eu bien de la peine à ajouter foi à ce qu'en racontent les auteurs.

La première fois que j'aperçus ces singuliers pêcheurs, j'étais sur un canal à quelques milles de Ning-po; j'ordonnai aussitôt à mon batelier de plier les voiles et d'arrêter la barque, afin que je pusse observer à mon aise la petite scène à laquelle le hasard me conviait.

Il y avait à quelque distance deux nacelles, portant chacune un homme et dix ou douze cormorans. Ceux-ci, accroupis et alignés aux bords du bateau, attendaient évidemment le signal des préparatifs de la pêche. Je remarquai qu'ils avaient tous le cou pris dans un tortillon de paille qui les empêche d'avaler le poisson; il faut naturellement prendre garde de ne pas trop serrer ce tortillon afin de ne pas étrangler l'oiseau.

Quelques instants après, sur un signe de leur maître, ils sautèrent dans l'eau et se dispersèrent dans toutes les directions à la recherche du poisson.

Les cormorans ont de beaux yeux vert de mer; d'un regard perçant ils découvrent sans peine leur proie, plongent rapidement et la saisissent d'un bec acéré. Dès qu'ils reparaissent à la surface de l'eau avec un poisson, leur maître les rappelle. Docile comme un chien, le pêcheur répond à cet ordre, nage vers la barque, y remonte, dépose son butin et retourne à son travail. Mais, chose plus étonnante! quand un cormoran s'est emparé d'un poisson trop grand pour qu'à lui seul il puisse le ramener au canot, ses camarades, dès qu'ils s'aperçoivent de son embarras, accourent à son aide; leurs efforts réunis triomphent de la difficulté, et c'est en commun qu'ils amènent jusqu'au canot le poisson récalcitrant.

Parfois un des oiseaux semblait se relâcher de sa tâche et s'amuser à nager sans plus se préoccuper de pêche. Alors, le Chinois préposé à la surveillance de la troupe, avec une longue tige de bambou qui lui sert aussi de rame, frappait l'eau près du coupable pris en flagrant délit d'école buissonnière, et l'interpellait d'une voix irritée... Cet avertissement suffisait: l'oiseau, confus comme un écolier en défaut, quittait ses jeux et reprenait aussitôt sa besogne.

Depuis l'époque où j'ai rencontré pour la première fois des cormorans-pêcheurs sur le canal de Ning-po, j'ai eu maintes fois l'occasion d'observer leurs opérations dans d'autres parties de la Chine, surtout entre Hang-tcho et Schanghaï. J'en ai vu aussi de grandes troupes près du fleuve Min, près de Tou-tcho-fou, et je désirais vivement m'en procurer quelques-uns pour les emporter en Angleterre; mais je ne parvins pas à décider un seul Chinois à m'en céder, et je finis, en désespoir de cause, par m'adresser au consul anglais de Schanghaï (le capitaine Balfour), qui eut l'obligeance d'envoyer tout exprès, dans l'intérieur du pays, pour m'en ramener quelques paires, un des serviteurs chinois attachés au consulat.

Les oiseaux arrivés et remis entre mes mains, ce ne fut pas une petite affaire de préparer la nourriture qui leur était nécessaire pour le trajet de Schanghaï à Hong-kong. Nous achetâmes une grande quantité d'anguilles vivantes, car c'est un de leurs mets de prédilection, et je les mis dans une cruche avec de la vase et de l'eau fraîche. Mes cormorans les avalaient tout entières avec une telle avidité, que souvent ils étaient obligés de les rejeter. En pareil cas, ce friand morceau était presque à coup sûr perdu pour son premier possesseur, car aussitôt un camarade s'en emparait avec une dextérité sans réplique; parfois un combat dans les règles s'engageait entre eux, et se prolongeait jusqu'à ce qu'un coup de bec plus acéré, coupant en deux l'objet du litige, laissât à chacun des deux champions une moitié d'anguille pour apaiser sa faim et son ardeur belliqueuse.

Pendant la traversée nous essuyâmes une violente tempête, et les vagues déferlant avec fureur sur notre petite goëlette inondaient incessamment le pont. Comme au plus fort du tourbillon je passais la tête hors de ma cabine pour voir ce qui se passait, les premiers objets qui frappèrent mes yeux furent mes cormorans qui dévoraient leurs anguilles frétillant en liberté sur le pont; sans doute, la cruche avait été renversée et brisée en mille morceaux. Les anguilles qui échappèrent ce jour-là au bec des cormorans, purent aller vivre d'une vie nouvelle dans le vaste Océan. Pour moi, c'était un vrai désastre, car ce copieux festin de contrebande ne pouvait pas sustenter longtemps mes voraces pensionnaires. Je tâchai, durant le reste du voyage, de les nourrir tant bien que mal à l'aide des maigres ressources que m'offrait le bord; mais en arrivant à Hong-kong, ils étaient dans un si lamentable état que deux d'entre eux moururent bientôt après, et que, désespérant de ramener les autres vivants dans ma patrie, je dus me résoudre à les tuer et à les emporter empaillés.

Le Chinois qui m'avait vendu ces oiseaux, possède, à environ 30 ou 40 milles de Schang-haï, entre cette ville et Tchapou, un grand établissement où il les dresse à la pêche. Il les vend fort cher même à ses compatriotes, car la paire, si je ne me trompe, coûte de 30 à 40 francs. Comme je désirais beaucoup avoir plus de détails sur leurs mœurs et sur leur éducation, M. Medhorst, jeune, interprète du Consulat britannique à Schanghaï, voulut bien se charger de transmettre différentes questions au Chinois qui m'amenait mes cormorans, et voici ce que j'appris par son entremise:

On nourrit ces oiseaux de petits poissons, d'anguilles jaunes et de bouillie faite avec des gousses de fruits. Tous les jours, à 5 heures de l'après-midi, chaque oiseau reçoit une ration d'une demi-livre d'anguilles ou de poissons, et une écuelle de bouillie. Le mâle est plus grand que la femelle, il a le plumage plus brillant et plus foncé, et surtout la tête beaucoup plus grosse. Sa compagne ne pond pas avant l'âge de trois ans. C'est ordinairement vers le quatrième ou le cinquième mois de l'année que la ponte commence; on épie l'approche de ce moment et l'on sait qu'il n'est plus éloigné quand on voit rougir la tête de l'oiseau; alors on se hâte de préparer une bonne couveuse, car la femelle du cormoran ne se charge pas elle-même de ce soin: c'est à une poule qu'on fait couver ses œufs. La date de la ponte est inscrite soigneusement sur la coque de chaque œuf: les petits en sortent le vingt-cinquième jour. Au fur et à mesure qu'ils éclosent, on les dépose sur un lit de coton étendu sur de l'eau chaude; pendant les cinq premiers jours, on les nourrit de sang d'anguille; pendant les cinq jours suivants, d'un fin hachis de chair d'anguille. Il faut, en général, les soins les plus minutieux pour les mener à bien.

Les cormorans commencent leur service vers le huitième ou le neuvième mois de l'année. Ils entrent dans l'eau dès 10 heures du matin, et y pêchent jusqu'à 5 heures de l'après-midi. Après un exercice de sept mois consécutifs, ils l'interrompent pour ne plus le reprendre qu'au huitième mois de l'année suivante.

Tel est, en résumé, ce que l'éleveur de cormorans m'a appris sur la vie de ce remarquable oiseau. Je me bornerai à ajouter que comme les mois que je viens d'indiquer correspondent au calendrier chinois, il s'ensuit que les cormorans ne pêchent point en été, et qu'ils commencent leur service en automne, vers le mois d'octobre, pour l'interrompre au mois de mai suivant.

IV.

Une tourmente de sable dans les steppes de l'Asie occidentale.

Au nord-ouest de l'Asie s'étendent d'immenses plaines arides et dépouillées, où le regard ne trouve pour se reposer ni un arbre, ni un buisson. Les voyageurs sont exposés dans ces vastes espaces, comme dans les déserts de sable de l'Afrique, à des tourmentes qui, en automne et en hiver, sont parfois d'une violence effrayante, renversant hommes et bêtes, et les balayant sans merci à des distances énormes, ou les enlevant de terre pour les laisser retomber brisés et anéantis.

Heureusement les plus violents ouragans s'annoncent presque toujours assez tôt pour permettre aux habitants du pays de se mettre en sûreté. Les premiers symptômes suffisent à éveiller chez l'homme et chez les animaux une attention inquiète; puis, dès qu'ils deviennent plus distincts et plus précis, une activité fiévreuse succède à l'immobilité de l'attente; de près et de loin les animaux dispersés dans la campagne accourent et se couchent pêle-mêle, serrés les uns contre les autres: chameaux et brebis, chevaux et bêtes à cornes se pressent d'un commun instinct, pour opposer une masse compacte à l'ouragan. Les hommes se partagent la besogne: tandis que les uns abattent les tentes en toute hâte, en réunissent les pieux et lient en un faisceau tous leurs ustensiles de ménage, les autres creusent dans la terre des excavations où les familles se réfugieront quand la résistance sera devenue impossible à la surface du sol.

Ainsi préparé, on peut affronter l'effroyable pression de l'air; mais là où la tempête furieuse se déchaîne en tourbillons, elle enlève du sol ses victimes en masse, et les lance mutilées et sans vie parfois à plusieurs milles de distance.

En hiver, les tourmentes de neige qui sévissent par un froid glacial, obscurcissent tellement la vue que les troupeaux épars n'arrivent pas toujours à se réunir. Plus d'une hutte est enlevée avant qu'on ait eu le temps de l'abattre. Les hommes blottis dans leurs trous sont bientôt ensevelis sous la neige, et, engourdis par le froid, tombent dans un profond sommeil dont souvent ils ne se réveillent plus.

Dans les plaines que recouvraient, il y a des milliers d'années, les flots de la mer Caspienne, et qui fournissent aujourd'hui de gras pâturages aux nombreux troupeaux des Kirghiz, on rencontre encore des espaces assez étendus, où la tempête a jadis accumulé des couches de sable si élevées que la plus chaude saison même ne revêt ces dunes d'aucune végétation. Les peuples pasteurs qui vivent dans ces contrées sont souvent obligés de traverser ces landes stériles pour atteindre de bons pâturages. Pendant un séjour que je fis au milieu d'eux, je campai pendant plusieurs mois à la lisière même d'un de ces déserts de sable; j'avais alors pour abri une hutte faite de pierres brutes et d'argile.

Plusieurs familles de pâtres étaient disséminées autour de moi, dans des huttes d'argile pareilles à la mienne ou sous des tentes portatives formées de pieux très-ingénieusement reliés les uns aux autres et recouverts de couvertures de laine. J'errais souvent pendant de longues heures dans les sables, trouvant un singulier plaisir à me perdre entre ces monticules soulevés comme des vagues par la tempête. J'y observai une espèce particulière de lézards, qui fuyaient au moindre bruit avec la rapidité de l'éclair, et disparaissaient sous une mince couche de sable sans y laisser aucune trace de leur passage.

Un jour que je revenais d'une excursion lointaine, je rencontrai les enfants d'un de mes voisins, un garçon et une petite fille, jouant à une lieue environ de nos habitations, et faisant la chasse à ces singuliers lézards. Dès que l'un d'eux disparaissait sous le sable, les enfants touchaient avec une baguette la place où il s'était réfugié; la pauvre petite bête sortait aussitôt de sa cachette, fuyait plus loin et disparaissait de nouveau sans échapper jamais à ses persécuteurs. En m'arrêtant quelques instants, je remarquai qu'un des fugitifs, au lieu de s'éloigner de son ennemi, revint résolûment vers lui; et, plongeant dans le sable, sans doute pour y avertir un camarade, en ressortit effectivement avec un second lézard qui prit alors la fuite de concert avec lui. Touché de ce petit incident, j'engageai les enfants à cesser leur poursuite, et, sentant moi-même le besoin de me reposer après une longue course, je repris tout en flânant le chemin de ma hutte.

En y arrivant je trouvai mes voisins dans une grande agitation, abattant leurs tentes en toute hâte; ils venaient d'apercevoir une raie noire à l'horizon: c'était l'annonce de la tempête. Comme je n'avais rien à soigner pour moi-même, je courus à la tente habitée par les parents des pauvres enfants que j'avais laissés, une heure auparavant, jouant dans le désert. Mais ils étaient avec leurs troupeaux sur des pâturages fort éloignés... Que faire?

Voyant tous mes voisins absorbés par le souci de leur propre famille et de leurs biens menacés, je repris moi-même le chemin de la steppe, afin de porter secours à mes petits amis abandonnés.

J'eus assez rapidement traversé la plaine couverte d'herbe qui précédait les dunes, mais une fois dans le sable le pas de mon cheval se ralentit, il n'avançait plus qu'avec peine, et j'étais dévoré de l'angoisse d'arriver trop tard. Heureusement j'aperçus bientôt les enfants venant au-devant de moi, en pleurant; ils avaient remarqué l'approche du danger et se hâtaient de regagner leur demeure.

En les voyant, je fus rassuré, car je ne doutais point que nous n'eussions le temps de rejoindre un abri, et d'ailleurs je ne me faisais qu'une idée fort imparfaite du danger qui nous menaçait. Il ne s'annonçait jusque-là que par une chaleur lourde et angoissante, causant une oppression des plus pénibles. Mais tout à coup mon cheval devint inquiet et refusa d'obéir; il m'emporta derrière une éminence de sable et s'y étendit.

T. II, p. 84.

UNE TOURMENTE DANS LES STEPPES DE L'ASIE.

Une muraille mouvante de sable et de débris amoncelés par l'ouragan s'avançait rapidement vers nous; je ne sentis d'abord que quelques tourbillons dans l'air; les enfants n'étaient plus guère qu'à cent pas de moi, mais ils ne purent plus me rejoindre. Je n'eus que le temps de me jeter à terre auprès de mon cheval, et, un instant après, j'étais littéralement recouvert de sable et de décombres.

Ce premier coup de vent passé, mon cheval fit un effort, se dégagea en secouant tout ce qui le recouvrait; mais l'ouragan était encore dans toute sa violence, et l'air tellement imprégné de sable qu'il était presque impossible de reprendre haleine. Je pensai que les enfants devaient être ensevelis à peu de distance, et tirant ma monture par la bride, luttant contre la tempête, nous nous mîmes à leur recherche. Je n'essayai qu'une fois d'ouvrir les yeux et ils furent immédiatement remplis de sable, il fallut me borner à imiter le cri strident que les habitants de la steppe savent lancer à des distances infinies; mais les mugissements de la tempête couvraient le son, au moment même où il s'échappait de mes lèvres. Au milieu de cette horrible tourmente, même une mère n'eût pu sauver son enfant, luttant à ses pieds contre l'étouffement et la mort.

Cramponné à mon fidèle coursier, j'errais depuis quelque temps à tâtons, désespérant de mon propre salut, quand je me sentis saisi par les mains tremblantes de la petite fille; son frère la tenait serrée dans ses bras, et les pauvres enfants avaient vaillamment résisté jusque-là.

Aussitôt j'abandonnai les rênes de mon cheval, et, me tenant simplement à la courroie de l'étrier, j'abandonnai notre sort à l'instinct de l'animal, car un homme aurait été incapable de s'orienter dans cette mer de sable soulevée par la tempête, et encore moins d'en sortir.

Après une longue lutte, où les pierres et le sable nous meurtrirent les mains et le visage, nous atteignîmes enfin la prairie qui séparait nos habitations du désert, et là, nous pûmes respirer un peu plus librement.

J'emmenai les enfants dans ma hutte, où les pauvres petits, épuisés de fatigue, tombèrent bientôt dans un profond sommeil; quant à mon fidèle cheval kalmouke, notre sauveur, il ne se reposa de ses prouesses qu'après avoir fait honneur à l'abondant festin dont je me donnai le plaisir de le régaler.

Le lendemain, la tempête commença à s'apaiser, et les parents de mes petits protégés revinrent dans la plus cruelle angoisse. L'ouragan avait emporté leur tente et tout ce qu'elle contenait; mais la joie qu'ils éprouvèrent en retrouvant leurs enfants sains et saufs, fut si grande que toutes leurs autres pertes leur parurent faciles à supporter.

AFRIQUE.

AFRIQUE.

I.

Une visite aux sépulcres de crocodiles à Maabdeh.

Nous nous étions embarqués par un vent si favorable, pour aller du Caire à Thèbes, que nous arrivâmes en six jours à Monfalout, après avoir, il est vrai, passé devant les pyramides de Dachour et de Saccara sans nous y arrêter. Ce n'est pas que notre curiosité fût en défaut; mais quand un voyageur est embarqué sur le vieux Nil, et qu'il y est favorisé par un bon vent, c'est une heureuse chance à laquelle il faut porter quelques sacrifices. Il arrive, en effet, assez souvent que des arrêts involontaires reculent le but du voyage; non-seulement le vent capricieux ne change que trop vite, mais encore les matelots arabes sont toujours disposés à faire des stations de quelques heures, partout où ils rencontrent quelques bateaux amarrés au rivage et l'agréable perspective de causer avec des camarades ou de se promener dans quelque bazar.

Des promesses et la menace de nous plaindre au pacha turc avaient eu assez d'influence sur notre équipage pour le déterminer à un simple arrêt d'une demi-heure devant la grande ville de Miniyeh. Mais il faisait nuit en approchant de Monfalout, et comme le capitaine aperçut le long du rivage toute une flotte d'embarcations, pour la plupart chargées de pèlerins, il s'avisa tout à coup que notre provision de pain était loin de suffire à nos besoins. Tout le servait d'ailleurs à souhait; nous étions endormis dans nos cabines; notre drogman Joussouf ronflait dans son bournous, de sorte que nulle protestation n'intervint quand la barque fut attachée au rivage, et que tout l'équipage la déserta en masse pour se mêler à la foule des Arabes qui encombraient les bords du fleuve et le bazar.

A notre réveil, nous n'eûmes qu'à nous résigner; nous savions par expérience ce qu'on entend en pareil cas par: acheter de la farine et cuire du pain! — Il ne fallait pas s'attendre à en être quittes à moins de 12 heures, qui se passeraient à être dévorés par les mouches d'Égypte, en butte à la curiosité indiscrète et malveillante d'Arabes aussi fanatiques que déguenillés, et aux aboiements de chiens hargneux.

Cette perspective étant peu agréable, vous en conviendrez, nous songeâmes tout de suite à remédier à notre situation.

Nous apercevions sur la rive opposée une bande de pays plat et cultivé, bornée par un village et encadrée de montagnes calcaires, où nous distinguions sans peine des temples monolithes et d'anciens ermitages creusés dans le roc: nous étions en pleine Thébaïde. Une ville, jadis célèbre par le culte qu'elle rendait aux crocodiles, avait existé dans ces environs et je me souvins, fort à propos, que plusieurs des cavernes de la montagne devaient encore servir d'abri à de nombreuses momies de ces reptiles sacrés.

Nous ne délibérâmes pas longtemps; il devait être facile de parvenir au village de Maabdeh; de là, quelque sentier passant par la montagne nous conduirait aux grottes. Cette excursion piquait d'autant plus notre curiosité, qu'aujourd'hui Maabdeh est le seul endroit qui possède encore des sépultures vouées à la conservation des momies de crocodiles.

Joussouf fut chargé de nous faire transporter deux ânes sur l'autre rive, et après un bon déjeuner, munis d'une grande lanterne, d'une boîte d'allumettes chimiques, de parasols et de bougies, nous traversâmes le fleuve dans une nacelle.

Notre drogman nous avait juré ses grands dieux que les ânes nous attendaient sur la rive opposée; il s'était plu même à nous faire leur portrait. Mais il appartenait à cette catégorie de voyageurs qui inventent au besoin ce qu'ils ne savent pas pertinemment, et quand nous fûmes à terre, il n'y avait trace des ânes si bien décrits.

Que faire? nous asseoir patiemment sur l'herbe et nous laisser dévisager par tous les passants. En quelques instants nous étions devenus le centre d'un cercle toujours grossissant d'hommes, de femmes et d'enfants, tous vêtus de longues robes; les hommes, sans exception, filant le poil de chèvres qui sert à les vêtir; les enfants, rendus méconnaissables par l'épaisse couche de mouches qui leur couvraient le visage.

Je remarquai que ces pauvres fellahs, de même que nos bateliers, s'étaient tous mutilé la main droite pour échapper au service militaire; un acte semblable éveillerait à l'égard de tout autre peuple un profond sentiment de compassion, car il semble que la plus odieuse tyrannie peut seule pousser à de pareilles extrémités; mais la paresse d'un Arabe est si grande que je ne mets pas en doute qu'il se laisserait volontiers couper tous les doigts et jusqu'à ses pouces, s'il pouvait par là acheter l'assurance de passer tous les jours de sa vie couché tranquillement au soleil sur un banc.

Sous la domination anglaise à Aden, l'Arabe est absolument le même être qu'en Égypte sous la domination des pachas; aucun salaire ne le stimule au travail; il aime mieux vivre dans la boue et se nourrir d'aumônes ou de mauvais poissons jetés au rebut, que de faire le moindre effort pour améliorer sa position.

Après une heure d'attente, une paire d'ânes apparut enfin, et ma selle, proportionnée à un cheval de haute taille, fut assujettie à l'un des baudets; dans cet équipage on eût dit un Lapon sous l'armure de Roland.

Le chemin qui conduit à Maabdeh nous parut d'abord fort agréable, serpentant à travers des plantations de cannes à sucre et de céréales; mais tout à coup il aboutit à un vaste étang marécageux. Nous mîmes pied à terre, et nos guides se chargèrent de nous transporter fort commodément sur l'autre bord; nous n'y trouvâmes pas précisément la terre sèche, car les inondations du Nil avaient converti toute la contrée en un marais, et la digue que les habitants de Maabdeh y avaient élevée pour y servir de chemin, était rompue et impraticable dans tout son parcours. Mais nous avions les crocodiles en perspective et rien ne devait nous décourager.

Nous nous remettons bravement en route, tantôt glissant sur nos ânes éreintés, tantôt enfonçant jusqu'à la cheville dans la vase; de temps à autre faisant une pause pour laisser à nos guides le temps de laver nos pieds et nos vêtements.

Enfin nous atteignons Maabdeh; il pouvait être 1 heure après midi; nous y prenons des montures fraîches pour gravir la montagne par un sentier étroit, raboteux, couvert de pierres roulantes. Arrivés au sommet, une roche perpendiculaire de forme bizarre semble fermer le chemin; en la tournant, nous débouchons sur un plateau de feldspath brillant au plein soleil, ce qui plonge nos Arabes dans le ravissement. Du reste, cette montagne est remarquable de la base au sommet, car les flancs y sont percés de grottes naturelles et artificielles, entrecoupés d'escarpements et de précipices effrayants, et tous les aspects en sont si sauvages et si déserts, qu'un nécromancien ne pourrait trouver de cadre mieux adapté à ses scènes d'évocation.

Nous approchions de la caverne aux crocodiles sacrés, des débris de momies en encombraient l'entrée: des os, des crânes, des lambeaux de chair conservés par les procédés d'embaumement, des fragments de toile cirée, des liens et des bandelettes, sans doute dispersés par les curieux qui nous avaient précédés.

L'ouverture de la grotte, grossièrement taillée dans le roc, avait environ 15 pieds de profondeur, et n'offrait d'autre moyen de descente que les interstices séparant les blocs accumulés, auxquels on pouvait s'accrocher et se suspendre.

Les flambeaux allumés, nous nous engageâmes tous à la file les uns des autres dans le trou béant. A quelque profondeur, nous nous trouvâmes à l'entrée d'une galerie qui devait avoir été assez haute dans l'origine pour qu'on y marchât commodément; mais elle est aujourd'hui tellement envahie par le sable que le vent y accumule incessamment, et encombrée de blocs de rochers, qu'au premier abord elle nous parut impraticable.

Nos guides arabes insistèrent néanmoins pour que nous avancions. L'un d'eux rampait en tête; Joussouf le suivait, tous deux avec des torches; nous venions ensuite, et deux guides fermaient le cortége, qui avançait en s'aidant des mains pour le moins autant que des pieds.

On n'aime pas à avouer, même dans une situation semblable, que l'on éprouve quelque chose qui ressemble à de la peur, et pourtant il faut convenir que rien n'est moins agréable et rassurant que de ramper dans un passage inconnu, obscur, obstrué de pierres anguleuses qui vous blessent à chaque mouvement. Mais après tout, nous pouvions avancer; ce couloir était exempt de chauves-souris, et nous n'avions pas le droit de nous plaindre.

Bientôt les guîdes nous enjoignirent de nous coucher à plat ventre, et nous dûmes gagner la première grotte en nous traînant comme des serpents, à travers un air méphitique et étouffant. Cette première pièce ne renfermait plus une seule momie; le sol en était seulement jonché de débris pulvérisés d'ossements humains. Elle est entièrement formée de stalactites et toute noircie par la fumée des torches et des lampes; un énorme bloc de rocher gisant dans un coin avait dû primitivement faire partie de la voûte et s'en être détaché.

Une autre issue opposée à celle qui venait de nous livrer passage, s'offrait à nous pour pénétrer plus avant dans les mystérieux dédales de ce monde souterrain. Nous nous y engageâmes en rampant avec une nouvelle ardeur; et voyant que les sables n'avaient pas envahi ce nouveau couloir, nous espérions le franchir plus facilement que le premier; mais il n'en fut rien; de plus grandes difficultés nous y attendaient, parce que des blocs énormes détachés de la voûte en obstruaient tout le parcours. La chaleur devenait aussi plus intense, et l'atmosphère de plus en plus viciée commençait à nous causer des maux de tête et une oppression fort pénible. Nos torches ne donnaient plus qu'une lueur incertaine et mourante, et nous ne pouvions nous empêcher de penser à une expédition qui avait précédé la nôtre, et dans laquelle les guides d'un voyageur anglais avaient été étouffés par les émanations méphitiques de ces mêmes passages souterrains où nous nous engagions aujourd'hui.

Ces souvenirs n'étaient pas fort rassurants, et ramper sur ses genoux et sur ses mains par un chemin aussi rude et aussi tortueux que le nôtre, était harassant au delà de toute expression. Mais nous n'avions pas encore rencontré de crocodiles, la retraite était donc impossible, et nous avançâmes jusqu'à l'extrémité de la galerie, qui semblait entièrement fermée par un quartier de roche. En approchant il se trouva que l'obstacle n'était point insurmontable, et qu'il restait une ouverture suffisante pour nous laisser passer horizontalement, les uns après les autres. Nous passons... et au delà nous sommes assaillis par des milliers de chauves-souris criant comme des démons captifs... Notre précieuse lanterne nous sauva la vie, sans elle nous aurions été plongés d'un instant à l'autre dans une complète obscurité, et, incapables de retrouver notre chemin, nous aurions péri dans ce lieu vraiment horrible... objets d'étonnement et de savantes hypothèses pour les explorateurs des âges futurs!

Donc, nous avancions armés de notre invincible lanterne, bravant les chauves-souris qui tourbillonnaient autour de nous avec de grands battements d'ailes; et c'est avec ce cortége que nous débouchâmes dans une nouvelle grotte assez vaste, semblable à la précédente et aussi dépourvue de momies et de crocodiles.

Une ouverture s'offrait à gauche, une autre à droite; laquelle fallait-il choisir? Après quelque hésitation, notre guide prit à gauche, et nous introduisit dans un couloir aussi étroit que celui dont nous venions de sortir. Nous supposions, et non à tort, que ce passage était celui où M. Legh et son compagnon avaient dû rebrousser chemin, et où leurs guides avaient perdu la vie. Joussouf qui nous devançait avec précautions, heurta bientôt un obstacle qui, examiné de plus près, se trouva être un corps humain; il n'était point à l'état de momie, mais la peau en était toute desséchée, et l'on eût dit plutôt une pièce de bois qu'un objet naguère doué de vie et de respiration; un peu plus loin, un autre corps barrait le chemin, et nous ne mîmes point en doute que ce ne fussent les cadavres des deux Arabes dont M. Legh raconte ainsi le sort tragique:

«Nous sentions que nous nous étions trop avancés, et pourtant les forces nous manquaient pour reculer; à ce moment la torche de notre premier guide s'éteignit; je le vis tomber, il poussa un soupir, ses jambes eurent quelques mouvements convulsifs, j'entendis une sorte de râle dans sa gorge, il était mort. L'Arabe qui me suivait, voyant la torche de son camarade s'éteindre, crut qu'il avait trébuché, et me devança pour lui porter secours; puis je le vis faiblir, chanceler, tomber; il était également mort, et ce fut l'affaire d'un moment. Le troisième Arabe s'avança, voulut s'approcher des cadavres, mais il s'arrêta à temps. Nous nous regardâmes avec une muette horreur ; le danger croissait avec chaque instant passé dans ce lieu funeste; nos torches ne jetaient plus qu'une clarté mourante, notre respiration devenait toujours plus pénible, nos genoux tremblaient, nos forces étaient à bout. »

M. Legh et son compagnon n'échappèrent à cette mort cruelle que pour être poursuivis comme meurtriers par les habitants de Maabdeh et de Monfalout, et il leur en coûta autant de peines et d'efforts pour se soustraire aux poursuites de ces pauvres gens exaspérés que pour résister aux miasmes mortels de la grotte. Au bout de tant d'épreuves, ils n'eurent pas même la satisfaction d'avoir atteint le sépulcre des crocodiles et d'avoir vu une seule momie. Quant à mes gens, ils se contentèrent d'écarter les cadavres qui leur barraient le chemin ; et, sans se laisser décourager par cette sinistre rencontre, ils continuèrent à ramper, pour arriver enfin dans une nouvelle grotte, où nous devions trouver le dédommagement de toutes nos peines.

T. II, p. 103.

UNE VISITE AUX SÉPULCRES DE CROCODILES.

Le sol en était si couvert de décombres, que cette nouvelle salle n'avait plus que deux mètres à peine d'élévation; mais dans ce réduit se trouvaient enfin les momies tant cherchées. Elles étaient amoncelées de tous côtés, enveloppées de nattes, sans cercueils, et évidemment intactes depuis le jour où elles avaient été déposées dans ce lieu. Joussouf en déroula quelques-unes; de la toile cirée alternait avec les nattes, et de petits paquets renfermant les crocodiles momifiés reposaient à leurs côtés ou étaient liés sur leur poitrine à la place où l'on trouve ordinairement les scarabées. Ces crocodiles étaient excessivement petits, c'étaient de vraies miniatures; mais une des particularités les plus remarquables qui distinguent ce reptile, c'est précisément l'énorme différence qui existe entre la taille de l'animal parfait, et celle qu'il a au sortir de l'œuf: l'œuf même ne dépasse pas en grosseur un œuf d'oie.

Les petits crocodiles que nous trouvâmes étaient admirablement conservés, mais je ne me déclarai satisfait de nos trouvailles qu'après avoir découvert dans une chambre contiguë le génie tutélaire du lieu, un énorme crocodile, en parfait état de conservation. L'ouverture de ce caveau était beaucoup plus étroite que le corps du saurien, de sorte qu'il était assuré de ne point être légèrement tiré de son lieu de repos.

Notre but était atteint; nous pouvions parler du retour, et c'est en triomphe que nous opérâmes notre retraite, heureux, je n'en disconviens pas, de laisser derrière nous les ténèbres et les chauves-souris, les momies et les Arabes morts, de saluer de nouveau un rayon de lumière, de respirer une bouffée d'air pur, au sortir de ces grottes hideuses envahies par une odeur de mort et les miasmes les plus méphitiques.

Notre guide nous assura que dans les catacombes que nous venions de quitter, se trouvaient encore cinq grandes salles: il est même à présumer que toute la montagne, pareille à d'autres lieux de sépulture de la Haute-Égypte, n'était qu'une immense nécropole, voisine d'une ville considérable; et que ces galeries souterraines, aujourd'hui comblées pour la plupart, étaient en communication avec de nombreux sépulcres. Seulement nous avons tout lieu de croire que les momies que nous avons retrouvées, appartenaient toutes aux classes les plus pauvres, puisqu'elles n'étaient pas renfermées dans des sarcophages; et qu'en poursuivant nos investigations nous n'aurions pas manqué de trouver de riches sépulcres, ornés d'hiéroglyphes et de peintures et contenant des images sculptées de Savah, la divinité qui préside aux crocodiles.

A en juger par l'état des parois et des voûtes, des torches ont dû pendant longtemps éclairer ces grottes; et la première salle, la plus abordable, pillée par les Arabes, a peut-être été complétement dépouillée par eux, parce qu'ils ont voulu quelque jour s'y ménager une retraite. Du moins est-il certain que les habitants de Maabdeh y ont plus d'une fois cherché un refuge dans des temps de persécutions. Quelques Albanais acharnés à leurs trousses, les voyant une fois disparaître subitement sous terre, les poursuivirent jusque dans cette première grotte; à leur grand mécompte, ils la trouvèrent vide: les habitants du pays connaissaient sans doute quelques passages, par lesquels ils avaient pu s'échapper et ressortir sur un autre point de la montagne.

Lorsque la situation de leurs villes le permettait, les Égyptiens de l'antiquité préféraient toujours les sépulcres creusés dans la montagne à toute autre sépulture. A l'exception des environs de Thèbes où l'on trouve des sarcophages de granit dans les tombes royales, les caveaux mortuaires réservés aux riches avaient toujours à leur extrémité une sorte de fosse où l'on déposait les cercueils, et dont l'ouverture devait plus tard être murée. Je rends attentif à cette circonstance, parce que moi-même je suis arrivé plus d'une fois sur le bord de ces abîmes ténébreux, sans en soupçonner l'existence; et sans les chauves-souris que l'approche d'une lumière en faisait sortir à point pour m'avertir du danger, j'aurais été rejoindre dans leur tombe les momies des Égyptiens d'il y a trois mille ans.

La profanation des lieux où reposent les morts est une des abominations qui révoltent le plus quand on voyage en Égypte; car bien que les cadavres que la rapacité des Arabes arrache aux sépulcres et disperse autour d'eux, ne soient plus qu'une masse d'os et de résine, leur forme primitive est encore si parfaite qu'on s'indigne du sacrilége dont ils sont l'objet.

Lorsqu'un Arabe déguenillé soulève une tête de femme, en la tenant suspendue par les boucles de cheveux qui y adhèrent encore, et vous offre de l'acheter comme une antiquité, pour quelques piastres, on frémit à la pensée de ce que souffriraient ceux qui ont espéré soustraire à la destruction cette dépouille aimée, s'ils voyaient cette tête séparée du corps, offerte comme une vile marchandise à des étrangers. «Vois, me disait à Thèbes un drôle au visage grimaçant, vois, c'est la tête d'une Signora, je la donne presque pour rien!» et il me montrait une tête de momie dont deux mille ans n'avaient altéré ni les fins contours, ni l'oreille élégamment modelée, ni la douce et brillante chevelure. Je me détournai avec dégoût de ce trafiquant de la mort, mais je vis bientôt que ce commerce est en usage partout où il y a des sépulcres et des catacombes à piller.

Le soleil touchait à l'horizon quand nous sortîmes de la nécropole, et un chemin de traverse nous ramena en peu de temps aux rives verdoyantes d'un petit bras du Nil. Notre drogman, harassé comme nous de cette journée si bien remplie, avait expédié des émissaires pour nous procurer une barque; au moment d'y entrer et de nous séparer de nos guides, il leur octroya magnifiquement une piastre de plus que le prix convenu; là-dessus, explosion de cris tumultueux pour en obtenir davantage, car plus on donne à un Arabe, plus on excite sa cupidité. Enfin nous pûmes nous embarquer avec nos crocodiles. Nous avions encore trois heures à ramer pour rejoindre Monfalout, et toutes les 10 minutes, notre équipage faisait une pause pour se déclarer affamé et demander du pain, ce dont nous éprouvions un besoin également vif, sans pouvoir davantage le satisfaire. Néanmoins nous arrivâmes sains et saufs, bien qu'exténués de fatigue et de faim, enchantés d'avoir vu les grottes et surtout d'en être revenus, et bien décidés à oublier pour quelque temps les morts et à nous en tenir à la société des vivants.

II.

L'épreuve des caïmans à Madagascar.

Les soi-disant jugements de Dieu, auxquels on soumettait jadis les accusés, pour découvrir s'ils étaient innocents ou coupables, se retrouvent dans les mœurs de beaucoup de peuples, et y ont revêtu les formes les plus diverses. L'une des plus horribles est assurément celle dont témoigne le récit suivant, emprunté à une relation de voyage dans l'île de Madagascar :

On attendait la pleine lune avec impatience ; dès qu'elle parut, le juge fit comparaître les parties intéressées, et avertir le chef de la tribu, qui voulait assister au jugement avec toute sa famille. Quelques heures plus tard, vers 10 heures du soir, on se réunit dans une plaine marécageuse, dans les envi-

T. I, p. 114.

L'ÉPREUVE DES CAÏMANS A MADAGASCAR.

rons de laquelle coulait un large fleuve infesté de nombreux caïmans. La proie qu'on leur destinait cette nuit-là était une jeune fille de seize ans, d'un visage plein de douceur et de l'attitude la plus modeste. Un parent jaloux et libertin l'accusait d'avoir entretenu des relations d'amour avec un esclave, ce qui passe à Matatané pour un crime abominable, surtout dans la caste des Zanak-Andia, à laquelle appartenait la jeune fille. Son père, qui avait été un chef puissant et redouté dans les montagnes, était mort peu d'années auparavant, sans laisser de postérité mâle.

Le chef actuel ordonna à Nakar (c'était le nom de la jeune fille) de s'asseoir au milieu du cercle, et elle dut écouter patiemment un long discours où le juge commença par rappeler les anciens usages du pays, si souvent enfreints dans les derniers temps; puis exposa, avec force amplifications, les faits imputés à l'accusée. Son réquisitoire terminé, il adjura Nakar d'avouer son crime; mais elle, d'une voix ferme, répondit simplement qu'elle se soumettait à l'épreuve des caïmans et que bientôt on saurait la vérité.

Le juge alors la fit conduire au bord du fleuve. Le sort tragique de la jeune victime m'avait vivement ému, et j'aurais volontiers donné pour la sauver toutes les marchandises que je possédais. J'en fis la proposition au chef, mais il se contenta de sourire sans m'honorer d'une autre réponse.

Lorsque Nakar eut entendu l'invocation qui ordonnait aux caïmans de la saisir et de l'avaler, elle se tourna vers ses compagnes qui l'avaient suivie jusqu'au rivage, les remercia de ce témoignage d'attachement, et leur demanda encore un ruban pour nouer ses cheveux dont les longues tresses l'auraient gênée en nageant, puis elle se dépouilla de ses vêtements et se précipita dans l'eau.

Tous les yeux étaient fixés sur elle, car sa jeunesse et son courage avaient éveillé la sympathie et l'admiration de presque tous les assistants; moi, je tremblais, car en un instant elle fut entourée de caïmans qui semblaient la poursuivre et dont les têtes menaçantes émergeaient à la surface de l'eau.

La lune éclairait cette scène atroce, et me permettait de suivre tous les mouvements de Nakar; elle nageait avec une merveilleuse rapidité, et atteignit bientôt une île couverte de roseaux et servant de repaire aux monstres auxquels on la jetait en pâture. C'était le lieu désigné pour l'épreuve. Nakar ne recula pas, et plongea par trois fois devant cette île sinistre. Chaque fois qu'elle disparaissait sous l'eau, je la croyais perdue; mais elle eut le bonheur inouï d'échapper aux formidables mâchoires des caïmans; quelques minutes plus tard elle se retrouvait saine et sauve au milieu de nous, accueillie par les joyeuses et triomphantes clameurs de la foule, et entourée des félicitations de tous ses amis.

Le calomniateur de Nakar fut mis en jugement à son tour et condamné à lui payer une indemnité si considérable que tous ses troupeaux réunis n'y auraient pas suffi. Mais la jeune fille avait un bon et noble cœur; elle laissa à son ennemi la jouissance de tous ses biens et ne lui infligea d'autre châtiment que ses remords.

AMÉRIQUE.

AMÉRIQUE.

I.

Aventures de voyage dans les prairies de l'Ouest.

Bien des années se sont écoulées depuis que j'ai vu les montagnes Rocheuses pour la dernière fois ; j'accompagnais alors l'intrépide duc Paul-Guillaume de Wurtemberg, cousin du roi Guillaume Ier (né en 1797, † 1860).

Nous avions franchi rapidement et sans encombre les vastes espaces qui séparent le Missouri du fort Laramie; mais nous fûmes moins favorisés pour le retour, et mille aventures plus ou moins périlleuses signalèrent notre course à travers les immenses prairies qui s'étendent entre les montagnes Rocheuses et les États civilisés de l'Amérique du Nord.

La saison était déjà fort avancée, et le duc

qui, avec sa témérité presque folle, n'avait jamais dans ses expéditions plus de deux personnes à sa suite, se trouvait réduit cette fois à ma seule escorte... Je ne sais comment il nous était arrivé de perdre en route notre troisième compagnon; presque aussi novice que moi, il avait disparu un beau jour, sans qu'il nous fût possible de retrouver ses traces. Cette circonstance était d'autant plus regrettable pour nous, que je ne pouvais offrir au duc qu'une assez médiocre assistance; c'était la première fois que je mettais les pieds dans les prairies américaines, et l'expérience de ces sortes de voyages me manquait complétement. Mais je puis dire que, bien qu'ébranlé par la fièvre, je ne perdis pas un seul jour mon entrain et ma bonne humeur; au reste, un compagnon aussi aguerri que le duc à tous les dangers et aussi indifférent à toutes les privations, était homme à me tenir en haleine.

Nous avions passé la nuit à l'endroit où la route, s'écartant du bras septentrional de la Nebrasca, s'engage dans une gorge étroite, nommée Ash-hollow, pour aboutir au haut plateau après lequel on rencontre le bras méridional du même fleuve. Nous nous étions promis de nous remettre en route dès la pointe du jour afin de gagner, avant la nuit, les rives de la Nebrasca du Sud; mais la visite matinale de quelques Indiens de la tribu des *Oglalas* nous causa un premier retard; puis nous perdîmes du temps à emballer des provisions de bouche avec toutes les précautions voulues; plus loin, il faut bien l'avouer, nous ne sûmes pas résister à la tentation de faire la chasse à quelques buffles que nous voyions paître à portée de nos carabines. Bref, nous nous attardâmes si bien, qu'il était midi quand nous sortîmes de la gorge d'Ash-hollow et arrivâmes sur le plateau : il nous restait encore environ 15 milles à franchir jusqu'à la Nebrasca.

Le duc conduisait une légère voiture attelée de deux chevaux; moi, je suivais, monté sur une jument assez vigoureuse, et surveillant un mulet que nous avions emmené comme ressource en cas d'accident. Bien que notre course fût aussi rapide que possible, la nuit tombait quand nous atteignîmes le fleuve. J'étais d'avis de camper sur la rive gauche; mais le duc s'y opposa par le motif assez plausible que nos bêtes n'y trouveraient pas d'herbe. Il me fallut donc entrer le premier dans le courant afin de diriger l'attelage. Ce n'était pas chose facile, l'obscurité devenant de plus en plus épaisse; néanmoins tout alla bien jusqu'au milieu du cours d'eau. Arrivés là, je ne sais si je déviai de la bonne direction, ou si les chevaux s'arrêtèrent un moment: bref, je m'aperçus tout à coup que les roues enfonçaient si bien dans le sable que la caisse seule de la voiture émergeait encore, et que les chevaux, malgré leurs efforts désespérés, ne parvenaient plus à faire avancer l'équipage. Pour comble d'infortune, une pluie fine et serrée vint s'ajouter aux ténèbres.

Nous ne perdîmes pas de temps en tentatives infructueuses; je parvins sans quitter ma selle à dételer les chevaux de la voiture; le duc, qui avait décidé d'y passer la nuit au risque d'enfoncer complétement dans le sable ou d'être emporté par le courant, me tendit une hache et une tente indienne qu'il avait en réserve dans un des coins de sa carriole, et je m'efforçai de gagner la rive avec nos bêtes. J'y parvins sans autre accident, et débarrassant les chevaux de leurs harnais, je les laissai errer à leur guise. Ma grande angoisse était de savoir ce pauvre duc abandonné dans sa voiture; mais la nuit était si noire qu'on ne voyait à deux pas devant soi, et nous n'avions pas même, vu le bruit de l'eau, la ressource de nous rassurer de la voix; il nous fallait donc absolument nous résigner tous deux à ne pas communiquer de toute la nuit. D'ailleurs j'étais transpercé par la pluie et transi de froid, et ce n'était pas le moment de m'oublier dans de stériles préoccupations. Je me décidai à m'envelopper dans ma tente de cuir, et serrant contre moi mon unique arme, ma hache, je m'étendis sur la terre détrempée; la fatigue prit le dessus: en dépit du froid et de la faim, je m'endormis bientôt profondément.

Le jour commençait à poindre quand je m'éveillai; à peine ai-je besoin de dire que mon premier regard se porta vers le fleuve. A ma grande joie la voiture était encore à la place où je l'avais laissée la veille. Mon second coup d'œil fut pour nos chevaux qui paissaient tranquillement à quelque cent pas de moi. Quant à mon humble personne, j'avoue que je la trouvai grelottante; la pluie avait cessé, il est vrai, mais un fort vent du nord courait sur la plaine et vous pénétrait jusqu'à la moelle des os; pour essayer de me réchauffer, je roulai ma tente plus étroitement autour de moi, n'y laissant d'ouverture que ce qu'il fallait à mes yeux pour surveiller mes alentours.

Tandis que mon regard errait ainsi au loin, il me sembla remarquer non loin du fleuve quelque mouvement à l'horizon. Je ne me trompais pas, car quelques minutes plus tard je distinguai des points noirs qui se rapprochaient visiblement de moi. Étaient-ce des loups, des buffles ou des Indiens? c'est ce que je fus longtemps à discerner; enfin je reconnus des hommes à cheval, ces hommes ne pouvaient être que des Indiens, et il me fallut moins de temps que je n'en mets à le raconter, pour me représenter à quelles extrémités une semblable rencontre pouvait nous réduire. Dans notre situation il était inutile de songer à aucune résistance, la fuite était impossible; il ne nous restait qu'à attendre la horde, fort heureux s'il lui plaisait d'épargner notre vie et de se contenter de nous enlever nos chevaux et le meilleur de notre bagage.

Tandis que, sans bouger, je me livrais à ces consolantes réflexions, les Indiens se précipitaient vers moi à bride abattue; arrivés à trente pas, ils s'arrêtèrent brusquement, m'examinant avec une grande attention, et discutant vivement en désignant la voiture arrêtée au milieu du fleuve.

Je ne nierai pas que le cœur me battait plus fort qu'à l'ordinaire; la seule ruse de guerre dont je m'avisai, pour n'être du moins pas fusillé à distance, fut, tout en étreignant d'une main mon coutelas, de l'autre ma hache, de simuler un profond sommeil; mais les yeux perçants des Indiens ne s'y trompèrent pas; un clignement presque imperceptible de ma paupière leur suffit pour découvrir ma feinte, et l'un des sauvages guerriers, partant d'un éclat de rire, descendit négligemment de sa monture en me montrant du doigt. Aussitôt je me levai et, m'avançant vers la troupe, je lui tendis la main en signe de paix. Chacun des cavaliers me la serra amicalement, et ils parurent me comprendre à merveille, quand j'essayai par une pantomime expressive de leur demander de m'aider à dégager la voiture ensablée. Ils me promirent leur concours, mais en exprimant le désir de se réconforter, avant de se mettre à l'œuvre, par une tasse de café chaud, «très-bien sucré».

Bon gré, mal gré, il me fallut passer par où ils voulaient; et, enfourchant un cheval, j'allai rejoindre le duc au milieu du fleuve, afin de lui demander les provisions requises et de m'entendre avec lui sur la conduite à tenir. Je le trouvai en très-bon état; il avait converti sa voiture en une véritable petite forteresse, défendue par tout un arsenal de carabines et de revolvers, et paraissait très-déterminé non-seulement à défendre son bien et sa vie jusqu'à la dernière extrémité, mais encore à ne laisser approcher de lui personne autre que moi. Je lui exposai en deux mots mes conventions avec les Indiens; il y donna les mains et me remit aussitôt du café, du sucre et une marmite. Mais, comme j'allais regagner le rivage, il me cria encore: « Surtout ne vous fiez à aucun Indien, et soyez toujours sur vos gardes! »

Quand je revins près de mes nouveaux compagnons, ils avaient déjà allumé un grand feu de fiente de buffles, et en quelques minutes ils étaient en mesure de préparer une boisson chaude et réconfortante.

Je n'ai jamais rencontré de gens plus serviables et plus obligeants que les Indiens, lorsque leur intérêt est en jeu. Ils n'avaient pas tardé à sentir la privation d'un abri, pour se garantir du vent et de la pluie; et, lorsqu'ils eurent aperçu ma vieille tente en cuir, et compris que les pieux qui servaient à la dresser étaient restés dans la voiture, l'un d'eux s'élança aussitôt à cheval dans le fleuve et alla les demander au duc de ma part.

En quelques minutes, la tente fut dressée au-dessus du feu, et je me trouvai installé avec une demi-douzaine de ces sauvages auprès d'un brasier dont la chaleur, s'ajoutant aux parfums du café, ne tarda pas à me réconforter.

Le calumet de paix circula de bouche en bouche tant sous la tente que parmi ceux des Indiens qui n'y avaient pas trouvé place et s'étaient accroupis à l'entrée. Bientôt le café fut prêt et on l'apprécia tant qu'on en réclama une seconde portion. Je me prêtai de bonne grâce à cette fantaisie, après quoi je fis entendre que le moment me paraissait venu de procéder à l'opération qui devait délivrer mon pauvre compagnon. Mais les sauvages m'objectèrent à l'aide des gestes les plus expressifs qu'il était encore de trop bonne heure pour songer à cela; et qu'auparavant ils attendaient que je distribuasse à chacun d'eux une poignée de café et deux poignées de sucre, prétention qu'il eût été impossible de satisfaire, même en nous dépouillant de toute notre réserve.

Je me bornai à leur promettre de faire tout ce qui dépendrait de moi, une fois que la voiture se trouverait à sec sur le rivage; mais il parut sans doute à toute la bande qu'il ne valait pas la peine de se déranger sur une promesse aussi vague, car pas un de ces coquins ne bougea. Ils restèrent commodément accroupis auprès du feu, et chaque fois que mon impatience se trahissait par des signes non équivoques, ils me tendaient le calumet en guise de consolation. Quelque flatteur que fût ce témoignage de déférence, je n'étais nullement rassuré, et j'entendais sans cesse tinter dans mon oreille ces paroles du duc: « Ne vous fiez à aucun Indien. »

Si nous n'avions pas été à quelques centaines de milles des colonies les plus voisines, j'aurais peut-être été frappé du côté comique de notre situation: j'étais là, comme un étranger sous ma propre tente, réchauffant mes membres à un bon feu, et buvant d'excellent café, pendant que le prince, à jeun au milieu du fleuve, épuisait sa dernière provision de patience à attendre le résultat de toutes ces tergiversations. J'essayai bien à deux reprises de dépêcher un Indien auprès de mon compagnon avec un vase plein de la liqueur réconfortante. Il acceptait chaque fois le message avec le plus grand empressement, se levait comme pour se mettre en route; puis, avalant lui-même le contenu du vase, me le rendait vide avec la mine la plus gracieuse.

J'avoue que cette impudence répétée finit par m'irriter au plus haut point; car je n'entrevoyais aucune issue à cette intolérable situation. Je repoussai le calumet qu'on me présentait; offense qui provoqua simplement les rires de toute la troupe, et je sortis de la tente, exaspéré et ne sachant plus à quel saint me vouer. Il s'ensuivit un léger mouvement dont un des Indiens profita pour prendre ma place près du feu, et je restai libre de m'arranger à ciel découvert comme il me conviendrait.

Ce dernier trait mit le comble à ma fureur, et je me mis à injurier toute la compagnie, en allemand, en français et en anglais; mais ma colère n'arracha à mes persécuteurs que de petits signes d'approbation qui me prouvèrent de reste qu'ils ne me comprenaient pas.

Une fois pourtant, je crus m'être rendu intelligible en bon allemand, car un des sauvages s'appliquait à répéter, avec l'accent le plus grotesque, l'épithète de « Flegel » que je ne lui avais pas ménagée; mais je vis bientôt qu'il essayait simplement d'imprimer dans sa mémoire un son étranger qui lui avait particulièrement plu.

Je maudissais le fleuve, la Prairie et tous les Indiens, regardant, dans ma détresse, vers la voiture du duc, lorsqu'un cavalier, dont la silhouette se dessinait sur les hauteurs de l'autre côté du cours d'eau, attira tout à coup mon attention. Il en parut bientôt plusieurs autres, et à ma joie inexprimable ils étaient suivis d'une voiture attelée de six mules que je reconnus aussitôt pour la malle-poste des États-Unis arrivant du fort Laramie. Mon découragement disparut aussitôt comme par un choc électrique, et jamais on ne vit homme plus brave et plus courageux que moi, alors qu'aide et protection m'arrivaient au grand galop.

Je m'élançai vers la tente, en arrachai la portière, et donnai à entendre aux sauvages qu'ils eussent à vider la place. Et comme ils ne se hâtaient pas de déguerpir, je leur adressai sur un ton belliqueux une harangue qui pouvait se résumer en ces mots : « Si vous ne vous hâtez pas, vil troupeau de peaux-rouges, de me débarrasser de votre présence, j'abats les pieux de la tente et je vous ensevelis sous ses ruines fumantes. »

Bien que les Indiens ne comprissent pas mes paroles, la hache que je brandissais en révélait suffisamment le sens, et ils se doutèrent que quelque chose de nouveau et d'inattendu devait se passer, pour que tant de vaillance se fût soudainement développée en moi. Aussi se glissèrent-ils l'un après l'autre hors de leur retraite, et dès qu'ils eurent aperçu la petite caravane de blancs, ils s'élancèrent vers leurs chevaux, afin de désensabler la voiture et de gagner ainsi le salaire promis.

Mais je refusai leurs services, et le duc fit de même, lorsqu'ils s'approchèrent pour lui venir en aide.

Pendant ces pourparlers, la malle-poste et son escorte avaient traversé le fleuve, et le conducteur, alléché par la promesse d'une bonne récompense, y rentrait avec quatre de ses mules, les attelait à notre voiture, et l'amenait heureusement sur la rive.

L'arrivée des nouveaux voyageurs rendit les Indiens infiniment plus discrets et réservés qu'ils ne l'avaient été jusque-là. Néanmoins nous jugeâmes prudent de combiner notre départ avec celui de la malle-poste qui prenait quelques heures de repos sur le rivage. La route à suivre était ferme et unie et les chevaux nous entraînaient d'un trot rapide; au bout de peu de temps, nous perdîmes de vue les Indiens, mais bientôt aussi la poste, dont l'attelage était plus fringant que le nôtre. A l'entrée de la nuit, quand nous dressâmes notre modeste campement, nous étions dans une solitude complète, où n'erraient à bien des milles à la ronde que des loups affamés ou quelques troupeaux de buffles attardés.

Nous suivions sur la rive méridionale de la Nebrasca la large route des émigrants; et, quoique les nuits fussent déjà froides, nous jouissions d'un très-bon temps sec, de sorte que nous espérions bien atteindre, avant les tourmentes de neige, les colonies du Missouri.

A deux journées de marche de la Nebrasca, de bons pâturages nous décidèrent, bien qu'il fût à peine midi, à ne pas pousser plus avant ce jour-là. C'était une belle et chaude journée d'automne; nous dételâmes nos chevaux pour les laisser paître en liberté, et, nous couchant sur l'herbe, nous nous mîmes à causer de l'étrangeté de notre situation dans cette profonde solitude, des souvenirs de la patrie et de notre avenir le plus prochain.

Tout en devisant, nous avions vu poindre un troupeau de buffles, qui s'approchait de nous et dont nous espérions tirer profit pour notre souper; mais au moment où nous allions viser, toute la troupe fut mise en fuite par l'apparition soudaine de plusieurs cavaliers, venant du côté opposé.

C'étaient heureusement des blancs; dès qu'ils nous eurent aperçus, ils se dirigèrent vers nous, et nous apprirent qu'ils étaient mormons et venaient du *Lac salé.* Ils firent encore quelques milles ce soir-là, et campèrent de façon que les reflets de leurs feux arrivaient jusqu'à nous.

Le lendemain matin, nous nous remîmes en route à peu près à la même heure qu'eux. Mais leurs chevaux étaient bien meilleurs que les nôtres, de sorte que d'heure en heure la distance qui nous séparait s'accrut, et finalement quelques ondulations de terrain les dérobèrent entièrement à notre vue.

Nous étions de nouveau seuls dans la plaine immense, hâtant le pas de nos chevaux harassés, lorsque quelques coups de feu retentirent dans la direction qu'avaient prise les mormons. Il n'y avait pas là de quoi nous inquiéter; sans doute les voyageurs qui nous devançaient avaient rencontré des buffles et tiré sur eux, et nous nous réjouissions déjà de pouvoir renouveler par quelque quartier de viande fraîche notre petite provision de vivres, un ancien usage de la Prairie accordant à tout voyageur le droit de découper dans les buffles tués sur sa route le morceau qu'il lui plaît d'emporter, et ce, sans nulle indemnité au profit du chasseur qui a abattu l'animal.

Nous nous rapprochâmes peu à peu de la place d'où les coups de feu étaient partis, et je ne tardai pas à découvrir du haut d'un monticule un groupe d'hommes qui paraissaient, à quelque distance de là, fort occupés à considérer un objet étendu sur le sol, ce qui nous confirma dans nos suppositions; aussi le duc me chargea-t-il d'aller couper un morceau du buffle en question, et de le rejoindre ensuite sur un point plus avancé de la route.

Je piquai des deux, et en quelques minutes j'étais placé de façon à dominer toute la scène. Contre toute attente, ce n'est pas nos mormons que j'avais sous les yeux, mais bien une trentaine d'Indiens qui, à en juger d'après leur parure, «s'en allaient en guerre». On peut aisément se figurer ma déconvenue, car il n'est jamais sans danger de se rencontrer avec une troupe d'Indiens en campagne, et quand on n'est pas plus nombreux qu'eux, on évite en général autant que possible de se trouver sur leur chemin. Aussi n'eus-je rien de plus pressé que de tourner bride et d'aller rendre compte au duc de la nouvelle aventure qui semblait nous attendre.

«Si c'est une horde guerrière, dit le duc avec le plus grand sang-froid, en me tendant ma carabine à deux coups qui était dans la voiture, nous ne tarderons guère à l'avoir sur les bras; apprêtez-vous à vendre chèrement votre vie, mais ne tirez pas sans nécessité et surtout ne manquez pas votre homme.»

C'était assurément parler d'or, mais j'avoue franchement que j'eusse été fort aise que l'occasion de me donner ces beaux conseils ne se fût pas présentée. J'examinai toutefois mes pistolets et posai mon mousquet en travers de ma selle, tandis que le duc s'entourait de tout son arsenal de fusils et de revolvers.

Ces mesures prises, nous poursuivîmes notre route; mais nous n'avions pas fait deux cents pas, que toute une bande de sauvages à pied et à cheval parut au haut de la colline et se précipita sur la route pour nous la couper.

C'étaient des Indiens Oglalas, une tribu voisine des Dacotahs, de magnifiques guerriers, comme on n'en trouve que sur le revers des montagnes Rocheuses. Leurs vêtements aux couleurs éclatantes, leur visage et leurs bras couverts de peintures criardes, leurs longs cheveux nattés sur les tempes et hérissés sur le reste de la tête, leur donnaient une apparence véritablement diabolique. De plus, ils étaient armés jusqu'aux dents; car, outre leurs arcs, leurs flèches, des tomahawks et des coutelas, ils avaient des carabines et des lances.

Lorsqu'ils furent à cinquante pas, nous fîmes halte et, couchant en joue les plus proches, nous leur donnâmes à entendre que nous ferions feu au plus léger mouvement offensif de leur part. Les Indiens répondirent à ces démonstrations par les signaux de paix usités en pareil cas; sur quoi nous les laissâmes avancer jusqu'à nous.

Le courage personnel et une attitude résolue exercent un tel ascendant sur les Indiens que, bien que nous fussions complétement à la merci de cette bande d'Oglalas, ils n'osèrent mettre la main sur rien de ce qui nous appartenait; ainsi ils auraient pu impunément nous dépouiller de notre eau-de-vie, mais ils se bornèrent à nous en demander, et encore s'abstinrent-ils d'insister lorsque, le duc ayant tendu à l'un d'entre eux en guise de whisky la bouteille de vinaigre, ils virent leur camarade rejeter avec une grimace de dégoût la bonne gorgée qu'il avait prise de confiance.

Nous ne nous arrêtâmes que le temps nécessaire pour permettre à un des peaux-rouges d'aller chercher à leur camp un morceau de viande que le duc avait réclamé; il revint avec une énorme pièce de buffle qu'il jeta dans notre voiture; nous lui offrîmes en échange un couteau de poche qui fut refusé, et bientôt la horde s'éloigna en nous laissant le champ libre.

Nous venions à peine de nous séparer, quand je remarquai à quelques pas derrière moi un des Oglalas, s'avançant à cheval dans la même direction que nous ; je m'écartai comme pour le laisser passer, mais il suivait tous mes mouvements avec une intention si marquée, que je finis par le dévisager en l'interrogeant du regard. C'était un très-bel homme de haute stature, qui, au moyen d'une simple lanière de cuir, dirigeait son fougueux coursier avec tant d'aisance et se tenait si ferme en selle que monture et cavalier paraissaient être d'une seule pièce. On pouvait à peine distinguer les traits de son visage sous les épaisses couches d'ocre jaune et rouge qui le recouvraient ; mais je n'oublierai de ma vie les deux yeux qui brillaient comme des escarboucles sous son front proéminent.

Il était vêtu d'une chemise de chasse de cotonnade bleue, et de longues guêtres de peau de daim, ornées comme ses mocassins de broderies de perles et de boucles de cheveux qui étaient autant de trophées pris sur la tête de ses ennemis. A son cou pendaient plusieurs rangs de perles de couleur et un collier de griffes d'ours reliées par de fines bandes de fourrure de loutre; enfin, de gros anneaux de cuivre étaient passés dans ses oreilles.

Le peau-rouge, sans autre préambule, me somma de lui céder ma bride, en échange de son lasso, me faisant entendre qu'il était sur le point d'attaquer une tribu d'Indiens-Pawnee, et qu'il avait besoin d'un meilleur harnais pour diriger sa monture.

Je fis naturellement un signe négatif; mais il ne se découragea pas pour si peu et se remit à mes trousses, me suivant littéralement comme mon ombre. J'avoue que ce satellite commençait à m'incommoder, et je finis par attirer sur lui l'attention du duc. « Passez devant moi, me dit-il, afin que je l'aie au bout de ma carabine, s'il s'avisait de lever la main sur vous. » — Ce conseil, donné comme toujours avec le plus grand sang-froid, n'était pas fort rassurant pour moi; néanmoins je pris la position indiquée, et nous trottâmes pendant quelques instants, moi devant et le sauvage entre le fusil du duc et moi.

Tout à coup l'Indien bondit à mon côté, étendit sa main désarmée vers moi, et avant que j'eusse pu deviner son projet, enleva de sa gaîne le long coutelas que je portais sur le dos dans ma ceinture. Bien que je fisse immédiatement volte-face, il aurait pu aisément m'abattre à ses pieds; mais il paraît que telle n'était pas son intention et que mon coutelas était le seul objet de sa convoitise, car dès qu'il l'eut en sa possession, il partit comme une flèche pour rejoindre son campement.

« Comment! votre beau coutelas! s'écria le duc; avec quoi allons-nous dépecer nos buffles? courez donc bien vite après ce drôle et faites-vous restituer votre bien!... — Mais s'il ne veut pas me le rendre? — Eh! alors vous le reprendrez de vive force! — Et si je suis scalpé? — Oh! soyez tranquille; dans ce cas, je vous vengerai. — Mais, mon cher duc, si l'on vous scalpe également? — Ah bien! alors nous serons dispensés de poursuivre notre voyage vers le Missouri.... »

Tout cela est bel et bon, me dis-je, mais en somme, mon péricrâne vaut bien un couteau, et je me consolerais aisément, je l'avoue, de la perte de mon coutelas par l'assurance de conserver intacte la peau de ma tête. Il était on ne peut plus flatteur pour moi que le duc eût une si haute opinion de ma vaillance; mais j'aurais souhaité de tout mon cœur qu'il fût lui-même un peu moins brave, et que nous eussions poursuivi en paix notre route. Toutefois je ne me perdis pas longtemps dans ces réflexions philosophiques: faisant bonne mine à mauvais jeu, je tendis ma carabine au duc et, ainsi complétement désarmé, je me mis en devoir d'aller chercher, par delà la colline que nous venions de franchir, les Oglalas dans leur campement.

La bande, groupée dans un pli de terrain,

présentait un coup d'œil très-pittoresque et d'autant plus intéressant pour moi, que je me trouvais pour la première fois en présence d'une troupe indienne parée pour le combat. Mais tous les détails de cette scène n'étaient point de nature à me rassurer: ainsi, quelques Indiens étaient accroupis autour d'un cheval abattu et le dépeçaient comme de vrais sauvages; puis, dès qu'on m'aperçut, plusieurs autres se levèrent vivement et me couchèrent en joue avec leurs carabines. Je fis de mon mieux tous les signaux de paix: les peaux-rouges relevèrent leurs armes, et j'entrai à cheval au milieu de leur cercle.

J'avisai aussitôt le seul individu de la bande qui portât sur la tête une plume d'aigle en signe de commandement, et, m'avançant vers lui, je lui tendis très-poliment la main; puis, lui montrant à la fois mon fourreau vide et le voleur, je lui dis en bon allemand (il aurait aussi bien entendu le chinois) que je lui serais infiniment obligé de me faire restituer mon coutelas.

S'il ne me comprit pas, du moins il me

devina, car il dit quelques mots à l'un de ses gens, qui saisit une lance et se dirigea vers moi; la pointe de cette lance était formée d'une lame d'épée à laquelle on avait assujetti une espèce de bouclier représentant une main sanglante sur un fond blanc. J'appris plus tard que ce bouclier était une sorte de talisman et qu'il m'était présenté en signe d'amitié; mais au premier moment, je ne m'attendais à rien moins qu'à être enferré. Heureusement j'en fus quitte pour la peur, et qui mieux est, le voleur fut contraint par le chef à me rendre mon coutelas, ce qui toutefois ne s'accomplit pas sans quelque résistance.

Remis en possession de mon arme, je n'eus plus qu'un seul désir, c'était de rejoindre le duc de toute la vitesse de ma monture. Je pressai la main du chef, l'assurant que, tout en me trouvant fort heureux dans sa compagnie, je le serais encore davantage partout ailleurs. Le redoutable guerrier répondit à ce compliment par un « Hau » profondément senti. Je tendis encore la main à quelques-uns des Indiens près desquels j'étais; mais quand je m'approchai de celui qui venait, si visiblement à contre-cœur, de me restituer mon beau couteau et qui se tenait appuyé sur sa carabine, le regard fixe et sombre, il me tourna le dos sans m'honorer d'une réponse.

Cette impolitesse me toucha médiocrement; néanmoins je ne perdis pas mon homme de l'œil, et je n'avais pas fait trente pas, quand je le vis me coucher en joue. J'allais lui faire signe de cesser cette mauvaise plaisanterie, ne croyant de sa part qu'à une vaine menace, lorsqu'un éclair et un petit nuage de fumée s'échappèrent du canon de son fusil, et au même instant une balle m'enleva mon bonnet.

D'autres, à ma place, se fussent peut-être montrés plus braves; mais, je l'avoue, je ne me souciais guère de prolonger l'aventure. Je me contentai d'arrêter mon cheval, de ramasser mon bonnet, et saluant une dernière fois les Indiens, je m'éloignai au grand trot.

Quand je rejoignis le duc, je le trouvai debout, les armes à la main; il avait entendu la détonation, et s'inquiétait d'autant plus de mon sort, que la balle qui m'était destinée avait aussi passé par-dessus sa tête. Je ne l'eus pas plus tôt mis au fait de mon histoire qu'il résolut, au lieu de poursuivre sa route, de rendre en personne visite aux Indiens, pour s'informer de ce qui avait donné lieu à ce coup de fusil. Ni mes prières, ni mes représentations ne parvinrent à le détourner de cette entreprise téméraire, et, mettant sa carabine en bandoulière, il s'achemina à pied vers le campement des peaux-rouges, tandis que je demeurais auprès des chevaux.

J'attendis longtemps, et ma patience était à bout, quand enfin le duc reparut sur la colline, parfaitement frais et dispos, et traînant un énorme quartier de cheval après lui. Il avait été reçu fort poliment par les Indiens, et les drôles l'avaient assuré qu'il ne fallait voir qu'une distinction honorifique dans la balle dont ils m'avaient gratifié; nous rîmes de bon cœur de cette explication. Au moment de prendre congé, le duc s'était adjugé le meilleur morceau du cheval qu'on venait d'abattre, et nous eûmes d'autant plus à nous féliciter de cet acte de prévoyance, que pendant les jours suivants aucune occasion ne s'offrit de nous procurer de la chair de buffle.

Cette mauvaise chance se prolongea même bientôt d'une manière inquiétante. Nous manquions de tout ce qui eût pu nous procurer quelque soulagement. Nos pauvres chevaux étaient dans un état lamentable, car l'herbe avait été broutée jusqu'à la racine par des troupeaux de buffles, qui disparaissaient comme par enchantement à notre approche. Nous souffrions la faim, et tout naturellement, à mesure que nos forces diminuaient, nous devenions plus taciturnes et plus laconiques; nous n'échangions plus que des monosyllabes. — La route qui s'étendait devant nous paraissait s'allonger indéfiniment. La plaine immense devenait chaque jour plus terne et plus dépouillée; un froid perçant glaçait nos membres, et le vent chassait sur nos têtes de sombres nuages toujours plus épais, annonçant une de ces tourmentes de neige où tant de voyageurs attardés ont déjà trouvé la mort.

Lorsque je me rappelle ces jours affreux, je m'étonne du sang-froid avec lequel nous considérions notre situation. Il est vrai que le duc était un voyageur beaucoup trop aguerri pour jamais perdre courage; et moi, je manquais trop d'expérience pour apprécier la gravité du danger.

Un matin, nous avions à peine fait quelques milles, lorsqu'à l'horizon deux points noirs attirèrent notre attention. L'atmosphère particulière aux Prairies prête, dès qu'on fait le moindre mouvement, des formes si bizarres et si diverses aux objets, que nous ne savions si c'étaient des buffles, des corbeaux, des Indiens ou des loups qui s'avançaient vers nous. Enfin, en nous rapprochant, nous acquîmes la certitude fort peu agréable que c'étaient des Indiens. Quand nous fûmes tout près d'eux, ils se levèrent, et je n'ai jamais rencontré dans la Prairie de gaillards plus sales et d'aspect plus sauvage que ceux-là. Ils étaient enveloppés de couvertures de laine primitivement blanches, mais dont la teinte se confondait maintenant avec celle de l'herbe sèche; une sorte de capuchon de même étoffe enveloppait leur tête; leurs pieds et leurs jambes étaient protégés par des guêtres et des mocassins de peau de daim, et ils étaient armés de longs sabres de dragons, qui, à en juger par leur lustre, devaient être depuis peu de temps entre leurs mains et y avoir passé par suite de quelque vol récent.

Ils débutèrent par réclamer du *whisky* de la manière la plus impudente. Nous refusâmes, et comme ils faisaient mine d'arrêter nos chevaux, nous les menaçâmes de nos armes; sur quoi ils se réfugièrent derrière notre voiture, nous suivant à cinquante pas de distance, avec des intentions qui, on peut se l'imaginer, n'étaient pas des plus rassurantes.

Au bout de quelque temps l'escorte de ces deux bandits m'était devenue insupportable, et je demandai au duc l'autorisation de tirer sur eux.

Ma grande inexpérience seule pouvait me

conseiller un pareil acte; mais, je dois l'avouer, il m'était inspiré par une haine profonde contre les Indiens, que je regardais comme la cause de tous nos malheurs; oubliant que cette pauvre race persécutée est là dans sa vraie patrie, la patrie libre qu'elle a héritée de ses ancêtres libres, et où les «*pâles visages*» lui ont infligé mille iniquités. L'Indien, naturellement, voit dans chaque «blanc» un oppresseur; il ne l'aborde qu'avec une invincible méfiance, et le souvenir de tout ce qu'il a souffert le pousse à la vengeance, chaque fois qu'une occasion favorable se présente. — Celui qui maudit les cruautés de la race indienne, oublie les cruautés mille fois plus iniques des blancs qui, aujourd'hui encore, ne craignent point, pour un cheval volé, de provoquer de véritables massacres. N'est-ce pas une odieuse dérision de dire à l'Indien: «*Tu ne voleras pas!*» au moment même où l'on envahit son territoire, où l'on détruit son foyer, étouffant dans son cœur le germe des bonnes pensées et excitant en lui toutes les mauvaises passions! — Et que doit penser le pauvre sauvage quand nous venons lui dire: « *Tu ne tueras pas!* » et que, pour venger un meurtre, il nous voit exterminer des tribus entières?

Le duc repoussa avec indignation le projet de se débarrasser des deux Indiens en leur brûlant la cervelle. « Qui vous donne le droit, me dit-il vivement, de tuer sans nécessité des hommes sur lesquels vos armes vous donnent une si grande supériorité? — Le droit du plus fort, répliquai-je assez négligemment, et le désir de nous débarrasser d'une société fort peu agréable..... — Quant à moi, reprit le duc, même au désert où le droit du plus fort est généralement reconnu, je crois qu'on ne doit verser le sang d'autrui que pour sa défense. Croyez-vous du reste que ces deux sauvages soient seuls dans notre voisinage et que, si nous venions à les tuer, nous leur survivrions vingt-quatre heures? »

Je me tus, car, au fond, je n'avais rien à répondre; mais, à part moi et tout en continuant ma route d'assez mauvaise humeur, je me demandais s'il serait beaucoup plus

T. II, p. 146.

AVENTURES DE VOYAGE DANS LES PRAIRIES.

désagréable d'être scalpé, que de périr dans les horreurs de la faim, ou d'être enseveli quelque nuit par une tourmente de neige.

Les deux Indiens nous suivaient de loin, et nous venions d'atteindre un renflement de terrain, d'où nous dominions les alentours, quand nous aperçûmes à notre très-médiocre satisfaction une bande d'environ dix-huit indigènes, campés au bord de la route ; à notre approche, ils se levèrent et s'élancèrent vers nous.

Ils avaient absolument la même apparence que leurs deux compagnons que nous venons de décrire ; seulement, au lieu des sabres de dragons, ils portaient des carabines et des arcs.

Nous leur ordonnâmes, comme nous l'avions fait dans une circonstance précédente, de faire halte à une distance respectueuse, et de ne s'approcher qu'après l'échange des signaux de paix ; et la rencontre, au premier moment, parut devoir s'accomplir d'une manière pacifique. Mais, tout à coup, un des Indiens qui nous suivaient, ayant crié quelques mots à ses compagnons, ceux-ci rejetèrent leurs couvertures et, saisissant leurs armes, se précipitèrent sur nous avec des cris sauvages.

L'attaque fut si soudaine et nous enveloppa si bien de toutes parts que nous ne pûmes faire usage d'aucun moyen de défense. Nous tentâmes de nous frayer un passage à travers nos agresseurs, afin de leur échapper par la fuite; mais à peine eurent-ils remarqué notre intention, qu'un des sauvages se jeta au-devant des chevaux de la voiture et, frappant le front de l'un d'eux de son tomahawk, il lui asséna un coup si violent que le pauvre animal s'affaissa sur ses genoux. Il se releva aussitôt, mais sans avoir la force d'avancer, et peu de jours après, il mourut des suites de ce coup terrible.

Nous étions donc complétement au pouvoir de la horde sauvage, et serrés de si près que nous ne pouvions faire un mouvement. Chacun de nous était en présence de six ou sept bandits dont les carabines chargées et les arcs tendus nous menaçaient à bout portant.

Mon compagnon avait eu l'adresse de saisir son fusil à deux coups; mais au même moment il lui avait été arraché des mains et le canon lui effleurait le visage: je tremblais de voir l'arme se décharger dans les mains inexpérimentées de celui qui s'en était emparé. Pourtant le duc, d'un rapide mouvement, sut encore s'emparer d'un pistolet; il n'eut pas le temps de s'en servir; prestement désarmé, traîné hors de la voiture, sa couverture mexicaine ramenée sur sa tête, il allait recevoir le coup de grâce. L'un de ces furieux brandissait déjà la massue qui devait l'assommer, et un autre m'étranglait de ses mains vigoureuses, en me tirant à bas de mon cheval, quand soudain la scène changea.

Les sacoches de ma selle avaient été vidées, et parmi ce butin les Indiens venaient de découvrir mon journal de voyage, illustré de portraits d'Indiens: ces dessins firent notre salut. Au moment où je recommandais mon âme à Dieu, les bandits, en jetant quelques cris, non-seulement nous rendirent notre liberté, mais encore se hâtèrent de jeter dans notre voiture presque tout ce qu'ils en avaient enlevé. Ils ne se réservèrent qu'un pistolet, en échange duquel ils nous offrirent un revolver à six coups, qu'ils avaient sans doute volé ailleurs, et dont l'usage leur était inconnu.

Quant à mon livre de croquis, je n'en revis jamais rien, non plus que de la cravate avec laquelle j'avais failli être étranglé. — « Les sots coquins! » s'écria le duc en se sentant délivré de leurs griffes... Sots coquins, sots coquins, répétaient les Indiens comme de vrais perroquets... — Dès qu'ils nous eurent laissé le champ libre, sans réparer le désordre de notre équipage, nous piquâmes des éperons et poursuivîmes notre route.

« Cette fois nous avons encore sauvé notre tête », me dit le duc en souriant, et tout en passant sa main avec une satisfaction visible dans sa chevelure.

J'avais fait instinctivement le même mouvement, et me retournant vers la bande pour achever de me rassurer, je vis tous les hommes accroupis et absorbés dans la contemplation d'un même objet. Je visitai ma sacoche, et n'y retrouvant pas mon livre de notes, j'acquis la certitude que nous lui devions notre délivrance miraculeuse: la superstition de ces pauvres peaux-rouges leur avait fait croire que ces images étaient ensorcelées; et, comme le sortilége émanait de nous, nous ne pouvions être à leurs yeux que des médecins, c'est-à-dire des êtres surnaturels dont la vie doit être ménagée. La perte de mes dessins et de mes notes me fut très-sensible; mais c'était une consolation de savoir qu'ils avaient contribué à nous sauver la vie. Après cela je m'attendais à ce que le duc m'enverrait réclamer mon album, comme il avait fait pour mon couteau; mais pour le coup, j'étais bien décidé à résister à une injonction aussi extravagante: je me souvenais trop bien de la balle qui m'avait enlevé mon bonnet. Aussi n'ai-je jamais rien revu de mes dessins, et ils sont probablement enfouis dans quelque sac à talismans et à sortiléges de la tribu des Kioways.

Nous n'étions pas à 500 pas des Indiens,

quand nous aperçûmes un buffle mort à quelque distance de la route. A notre grande joie, nous eûmes bientôt constaté qu'il devait n'être abattu que depuis une heure environ, car il était encore tiède. Les chasseurs occupés à le dépecer avaient sans doute été interrompus dans leur besogne par notre arrivée. Nous nous mîmes aussitôt à l'œuvre, et je pense que rarement deux hommes ont manié avec plus d'ardeur hache et couteau, pour détacher les meilleurs morceaux d'un de ces colosses velus.

Grâce à cette heureuse rencontre nous étions sauvés des horreurs de la faim et pourvus d'une nourriture à la fois substantielle et succulente.

Les sauvages nous laissèrent emporter tranquillement nos provisions, ils étaient toujours à la même place, livrés en apparence aux occupations les plus graves, et ne paraissant nullement disposés à nous importuner davantage. Je n'ai pas besoin d'ajouter que, de notre côté, nous n'avions aucune envie de les déranger.

Nous nous éloignâmes, après avoir emporté du buffle tout ce dont nous pouvions nous charger sans trop de gêne; et tout eût été pour le mieux, si notre pauvre cheval blessé n'avait donné des signes irrécusables d'un complet épuisement.

Mais vers le soir, quand, après cette journée de fatigues et d'émotions, nous pûmes enfin nous étendre auprès d'un bon feu, et humer les parfums d'un excellent rôti, nous oubliâmes notre position presque désespérée; et c'est le cœur plein de courage que nous nous endormîmes en rêvant au lendemain.

II.

Serpents à sonnettes.

Un jeune Missourien, en tournée de chasse avec quelques amis, avait fait la découverte fortuite d'une riche mine de plomb, à 15 lieues environ de son habitation. Les fermes les plus voisines du précieux filon n'en étaient guère plus rapprochées que la sienne; aussi, comme ses compagnons, momentanément séparés de lui, ne se doutaient pas de sa trouvaille, il résolut de la leur cacher et de se transporter immédiatement sur les lieux avec sa femme et ses enfants pour extraire, à lui seul, le métal dont il espérait tirer de beaux bénéfices.

On était en avril 1840. Le jeune colon retourne auprès des siens, abandonne sa modeste propriété, charge les outils et les ustensiles les plus indispensables sur un cheval, sa femme et ses deux petits enfants sur un autre, et, son fusil sur l'épaule, se met en route plein de courage et d'espoir pour aller fonder son nouveau foyer domestique dans le désert.

Son plus jeune enfant, un nourrisson de quelques mois, étant indisposé, le jeune pionnier craignit de franchir d'un trait toute la distance qui le séparait de la mine; et, se souvenant d'avoir vu en chemin un *blockhaus* abandonné auprès d'un cours d'eau, il y dirigea sa petite caravane afin qu'elle y passât la nuit. Cet abri devint d'autant plus nécessaire que le ciel s'était chargé de nuages menaçants; à peine la famille était-elle à couvert, qu'une pluie torrentielle entremêlée d'éclairs fondit sur la prairie.

Il ne fallut pas aux voyageurs beaucoup de temps pour s'installer; ils préparèrent leur couche dans un coin de la hutte, allumèrent un bon feu avec quelques planches détachées de la cloison et suspendirent au-dessus leur marmite; puis, lorsque l'orage se fut calmé, ils n'eurent pas de peine à ramasser tout près de la cabane assez de combustible pour entretenir le feu pendant la nuit.

Le *blockhaus* était assez grossièrement construit, comme le sont en général les abris des pionniers de l'Ouest. Le toit était formé de simples planches fixées par des poutrelles; il ne laissait pourtant passer la pluie qu'aux endroits entamés par la pourriture. Quant aux parois, on les avait évidemment construites avec des pièces de bois provenant des épaves d'un navire. L'ensemble de cette masure n'offrait pas un aspect de nature à éveiller chez ses habitants passagers aucune idée de comfort, et la cheminée à demi écroulée ne livrait à la fumée du foyer qu'une issue insuffisante. Mais s'il en restait dans la cabane plus qu'il n'aurait été agréable pour les yeux et pour l'odorat, on pouvait s'en consoler en la considérant comme un utile préservatif contre les nombreux moustiques qui s'élevaient des marais voisins en innombrables essaims.

Nos voyageurs, épuisés de fatigue, se couchèrent de bonne heure, et jusqu'à minuit l'on n'entendit dans la hutte que la respiration égale et paisible des dormeurs; mais alors le nourrisson s'éveilla et se mit à crier sans que sa mère parvînt à l'apaiser.

« Je t'en prie, Willy, cherche-moi un verre d'eau, dit enfin la jeune femme à son mari. L'enfant voudrait boire, et moi-même j'ai le gosier tout desséché.

— Volontiers, je vais seulement ranimer le feu et allumer quelques copeaux, car je ne retrouverais pas la source dans l'obscurité. »

En disant ces mots, Willy s'approchait en tâtonnant du foyer, quand tout à coup il jette un cri en se précipitant à l'autre extrémité de la chambre.

« Au nom de Dieu! qu'y a-t-il? dit la femme tout angoissée; que t'est-il arrivé?

— Rien, rien, balbutie le mari, j'ai seulement marché sur quelque chose.

— Je vais me lever et faire de la lumière, dit précipitamment la jeune mère.

— Arrête! ne bouge pas de ta place avant qu'il fasse jour, cria vivement le pionnier.

— Mais que t'est-il arrivé, Willy? parle, je

t'en conjure, dit la pauvre femme en proie à une terreur mortelle.

— Il y a des serpents ici, et j'ai marché dessus...

— Es-tu mordu?

— Je ne le crois pas, mais l'un d'eux s'est élancé vers moi; il m'a sans doute manqué; reste tranquillement couchée, ne bouge pas et tiens les enfants en repos.

— Ah! gémit la pauvre femme, plût à Dieu qu'il fît jour! Je suis dévorée d'angoisse; je t'en supplie, reste où tu es, afin qu'il ne t'arrive pas malheur.

— Calme-toi, ma chère amie, répondit Willy, je ne bougerai pas; mais fais attention aux enfants. »

La jeune mère veilla longtemps, épiant avec anxiété le moindre bruit; puis elle finit par succomber à la fatigue, et comme le nourrisson s'était calmé, elle s'endormit auprès de lui. Des songes effrayants agitèrent son sommeil, et elle finit par s'éveiller en sursaut en poussant un cri de terreur.

Il faisait grand jour. Le soleil brillait à travers les larges fentes des parois; les enfants sommeillaient encore; le père était étendu à l'autre bout de la cabane sans mouvement, et les dangereux animaux avaient disparu. La lumière les avait fait fuir. La jeune femme se leva rapidement, jeta sur elle quelques vêtements et s'approcha de son mari pour l'éveiller. Mais à peine eut-elle touché son épaule, qu'elle recula épouvantée.

Elle avait devant elle un cadavre déjà raidi et glacé; les yeux tout grands ouverts étaient vitreux, les membres enflés. Elle s'agenouilla auprès de ce corps inanimé, essayant tout ce qui était en son pouvoir pour y rappeler la vie, mais tout fut inutile. Folle de douleur, elle finit par se jeter sur sa couche en sanglotant, tandis que ses enfants, effrayés par ses gémissements, poussaient des cris en se cramponnant à elle.

La détresse de ces pauvres petits réveilla toute son énergie; elle s'arracha à son désespoir pour les apaiser, leur donna à déjeuner et se prépara à ensevelir son mari.

Parmi les outils qui faisaient partie du bagage se trouvaient une pelle et une pioche; la pauvre jeune femme alla creuser à quelque distance de la hutte, au bord du ruisseau, le lit de repos de son mari bien-aimé; elle y porta le corps au prix d'efforts surhumains, le déposa dans la fosse, et après l'avoir recouvert de quelques planches, elle joignit les mains pour recommander son Willy à la miséricorde de Dieu.

Elle se préparait à combler la fosse, lorsque sa petite fille, une enfant de 4 ans, se jeta dans ses bras en la suppliant de ne pas jeter de terre sur son père!...

A ce moment, son courage faillit l'abandonner; elle serra convulsivement l'enfant sur sa poitrine, la transporta dans la cabane, réussit à la tranquilliser par ses caresses, puis revint achever héroïquement son douloureux travail.

Alors seulement, et ce premier devoir accompli, elle eut conscience de toute l'horreur de sa situation. Bien qu'elle fût munie de vivres pour plusieurs jours, elle ne pouvait rester dans ce désert une heure de plus. Ces lieux éveillaient en elle une insurmontable terreur. Aussi fit-elle immédiatement ses préparatifs pour se remettre en route. Elle abandonna dans la hutte tous les objets qui ne lui étaient pas absolument indispensables, emballa les provisions de bouche, rassembla le couteau, le fusil et la cartouchière de son mari, et, laissant le nourrisson sous la garde de son aînée, elle alla chercher la jument dans la prairie pour la seller.

Il serait difficile de dire tout ce que ces petits arrangements lui coûtèrent de peine; s'aidant d'un tronc d'arbre renversé, elle parvint à se hisser sur sa monture, puis elle y plaça ses enfants; mais une nouvelle difficulté restait à vaincre. Comment reconnaître sa route? la veille, elle s'était laissé conduire par son mari sans chercher à s'orienter par elle-même. Toute réflexion faite, elle résolut de se confier à l'instinct de son cheval, espérant qu'il saurait retrouver tout seul le chemin de son ancien gîte. Mais cet espoir fut bientôt déçu. L'animal paraissait enchanté d'avoir échangé l'herbe maigre des anciens temps contre un pâturage abondant et savoureux; et, dès qu'on lui lâchait la bride, il se remettait à brouter sans se laisser émouvoir ni par les bonnes paroles ni par les coups.

La pauvre femme abandonnée se mit alors à pousser à tout hasard, vers le sud, la bête récalcitrante; elle se souvenait que la mine vers laquelle ils se dirigeaient la veille, était, au dire de son mari, située au nord-ouest de leur ancien établissement; mais elle ne pouvait avancer qu'avec une extrême lenteur, car avec ses deux enfants et son long fusil il lui fallait prendre mille précautions pour éviter de se heurter contre les branches pendantes ou les troncs d'arbres couchés en travers du chemin.

Vers midi, le ciel se chargea d'épais nuages et l'infortunée perdit ainsi son guide unique. Elle n'était pas assez expérimentée pour s'orienter en observant l'écorce des arbres, et il ne lui restait qu'à marcher à l'aventure en se recommandant à Dieu. Le soir venu, elle s'arrêta près d'une source, au pied d'une colline, pour y passer la nuit. Les enfants s'effrayèrent d'abord, en entendant au milieu de l'obscurité les hurlements des loups et les cris lugubres des hiboux; mais leur mère parvint à les endormir, et veilla sur eux avec une angoisse facile à comprendre, épiant le moindre frôlement dans le feuillage ou les hautes herbes.

L'aurore la trouva brisée de fatigue, mais résolue à se remettre en marche sans retard; malheureusement le ciel ne s'était pas découvert, de sorte que la journée se passa encore, pour la petite caravane, à errer presque au hasard dans des solitudes sans limites. De plus, le soir venu, la pauvre mère, après avoir rassasié les enfants, eut à peine de quoi se sustenter elle-même.

Aussi, le troisième jour, la faim s'ajouta-t-elle à ses autres tortures; la jeune femme avait bien, à plusieurs reprises, aperçu quelques cerfs à portée de fusil; mais la crainte de faire cabrer son cheval et d'exposer ses enfants à être jetés à bas de la monture, l'avait toujours retenue de tirer sur le gibier. Toutefois les heures s'écoulant sans amener de secours, il n'y avait plus à hésiter; dans la soirée de ce troisième jour, voyant une troupe de dindons se lever dans le fourré, elle prit courage et, lâchant la détente, abattit un des oiseaux.

Une nuit agitée succéda à cette journée d'angoisse. Le nourrisson criait sans relâche, et les loups attirés par ces cris, pareils à ceux du faon, tournaient autour du feu en poussant des hurlements plaintifs. Finalement ils s'approchèrent tellement que la mère prit son fusil et tira un peu au hasard un coup de feu pour les effrayer : qui dira son émotion lorsqu'à une faible distance le cri de Halloh ! répondit à la détonation? Elle s'élança dans la direction d'où était partie la voix, appela à son tour, et au bout de quelques instants son sauveur était à ses côtés.

On peut s'imaginer l'étonnement de cet homme à la rencontre d'une pauvre créature pâle, épuisée, perdue dans le désert avec deux petits enfants. Sans s'arrêter à de longues interrogations, il les emmena dans son habitation, qui n'était pas fort éloignée et où sa brave femme leur fit l'accueil le plus cordial. Dans la soirée déjà, le vent leur avait apporté par intervalles les cris du nourrisson, mais ils les avaient pris d'abord pour ceux d'une panthère. Les hurlements toujours plus menaçants des loups avaient pourtant fini par fixer leur attention, et comme le mari sortait de sa ferme pour mieux se rendre compte de ce qui se passait, la détonation le confirma dans l'idée que quelque voyageur égaré devait se trouver dans le taillis.

La maison hospitalière qui venait de recueillir les pauvres égarés, était au moins à 7 lieues de celle qu'ils cherchaient à regagner. Dès le jour suivant, le digne fermier les y ramena dans une carriole. Les forces de la malheureuse femme l'avaient soutenue jusque-là, son énergie avait triomphé de son épuisement; mais à peine arrivée en lieu de sûreté, la nature reprit ses droits et une fièvre nerveuse se déclara.

Tandis qu'elle luttait avec la maladie, quelques jeunes gens se rendirent à la hutte aux serpents pour en rapporter les objets que la veuve du jeune Missourien y avait laissés, et ils résolurent de profiter de l'occasion pour détruire, s'il était possible, les reptiles immondes qui avaient donné la mort à leur pauvre camarade. Le soir venu, ils allumèrent dans la cheminée un grand feu de bois résineux, et une heure ne s'était pas écoulée que deux énormes serpents à sonnettes, se glissant hors de leur retraite, s'approchaient de la flamme pétillante. Quatre balles mirent aussitôt fin à leur existence, et leurs dépouilles furent suspendues, en guise de trophée, sur la tombe de l'infortuné pionnier.

III.

La mort du naturaliste.

Mon habitation était située au pied des Cordillères, sur les rives escarpées du *Leone* (un des affluents du *Rio-Grande*) et dans une solitude telle que, bien que j'occupasse ce poste avancé depuis de longues années, c'était un événement de voir un blanc s'aventurer dans nos parages. J'avais de loin en loin quelques rapports avec la petite ville la plus voisine, mais aucune communication régulière ne nous reliait à elle. Deux ou trois fois l'an, je chargeais sur quelques mulets de la cire et de la graisse, ou des peaux que nous avions en réserve, et j'allais au marché les échanger contre des comestibles, des outils, de la poudre et du plomb. Je retirais, par la même occasion, les lettres qui m'attendaient à la poste et les livres que je faisais venir de New-York ou d'Europe; mais ces petites affaires terminées, je revenais m'ensevelir dans mon désert, et disais pour quelques mois adieu au monde civilisé.

Il va sans dire qu'aucun sentier n'était tracé pour aboutir à ma ferme; les chevaux et les mulets laissaient bien l'empreinte de leurs sabots dans le sol argileux, mais les pluies d'orage ou les troupeaux de buffles errants effaçaient rapidement ces traces passagères: l'œil le plus exercé n'aurait pu les retrouver, et, d'ailleurs, je ne suivais pas toujours la même ligne; comme je me conduisais par la boussole, je variais ma route selon les saisons, afin d'éviter les terres exposées, à certaines époques de l'année, à des inondations.

Ma ferme était restée dans un complet isolement: du côté de l'est, le seul par où d'autres colons auraient pu songer à se rapprocher de moi, les terres étaient, sur une très-vaste étendue, maigres et sablonneuses, ne produisant guère que des chênes rabougris. L'absence d'eau et de prairies n'aurait pas permis d'y élever du bétail, et personne, dans des conditions aussi défavorables, n'affronte les dangers de la vie de pionnier.

Plus près de mon établissement, les obstacles étaient d'une autre nature; le sol, d'une rare fertilité, promettait d'abondantes récoltes aux travailleurs qui entreprendraient de le cultiver; mais tous ceux qui s'étaient laissé séduire par la beauté du pays avaient péri victimes d'aventures tragiques : la dernière tentative de colonisation avait coûté la vie à une famille de dix-neuf personnes; mes courses de chasse m'avaient souvent conduit à la place où leurs ossements blanchissaient au soleil.

Je vivais donc dans un véritable désert, et, bien que je fusse parvenu dans les derniers temps à rendre mon installation plus sûre et plus confortable, la contrée, à bien des lieues à la ronde, restait encore si sauvage qu'un voyageur solitaire ne s'y aventurait jamais, de peur d'être scalpé chemin faisant.

Aussi fus-je bien surpris, un matin, quand le garde chargé de faire le guet autour de ma ferme, vint m'annoncer qu'il venait d'apercevoir un «*blanc*» dans la prairie, et, qui plus est, un blanc monté sur un mulet, ce qui est bien l'équipage le plus absurde que l'on puisse choisir pour voyager dans un pays hanté par les Indiens.

Je courus avec ma longue-vue sur une terrasse d'où je dominais la contrée environnante, et non-seulement je constatai l'exactitude de la nouvelle, mais encore je pus voir que l'homme en question ne portait aucune arme, à moins qu'il ne les eût cachées dans deux énormes paquets qui ballottaient de chaque côté de sa bête.

Le cavalier s'approchait lentement, disparaissant parfois dans les ondulations du terrain, puis surgissant de nouveau du milieu des hautes herbes. Finalement il se trouva à portée de la voix, et nous distinguâmes sous un large chapeau le placide visage d'un voyageur inoffensif. «Mais au nom de Dieu, lui criai-je, d'où venez-vous ainsi tout seul, et sans armes? — Eh! reprit-il en pur allemand, je viens de la colonie de X.., j'ai suivi les traces de vos mulets ; Master Jones m'a accompagné pendant la première journée de marche, et depuis quatre jours je n'ai pas vu un visage humain ! »

Tout cela fut dit avec bonhomie et de l'air le plus tranquille du monde. J'appris bientôt que mon nouvel hôte s'appelait Kreger, qu'il était botaniste et qu'il venait chez moi pour étudier la flore jusqu'alors inexplorée de nos environs. Il était muni à cet effet de deux énormes ballots de papier brouillard suspendus aux flancs de sa *Lisette* (c'est ainsi qu'il appelait sa mule). En tant qu'armes, ces ballots auraient pu lui servir, au besoin, de bouclier contre les flèches des Indiens, mais encore aurait-il fallu avoir de quoi riposter ; or, en fait d'armes offensives, l'arsenal de mon hôte se réduisait à un mauvais pistolet de poche que nous ne pûmes jamais faire partir quand nous voulûmes l'essayer.

Tout le monde avait averti l'insouciant touriste du danger auquel il s'exposait en entreprenant un pareil voyage, et le dernier pionnier qu'il avait rencontré, Master Jones, avait, à toutes forces, voulu l'empêcher d'aller plus avant; mais le confiant et naïf voyageur n'avait fait que rire de ses alarmes, soutenant qu'avec sa Lisette il était sûr d'échapper à tout Indien qui ferait mine de lui courir sus.

Il est des hommes qui se précipitent aveuglément au-devant du péril, parce qu'il a pour eux un puissant attrait, et leur offre l'occasion de déployer leur énergie. D'autres, sans être doués d'un brillant courage, recherchent les aventures pour se poser en héros devant le public. Enfin, il est des individus qui accomplissent les actions les plus téméraires avec une complète insouciance, parce qu'ils ne soupçonnent pas le danger et que leur optimisme résiste à tous les avertissements. C'est à cette dernière catégorie qu'appartenait M. Kreger. Nous essayâmes en vain de lui faire comprendre qu'il avait agi en insensé, et ne devait qu'à un vrai miracle d'avoir fait cette longue route et bivouaqué de nuit auprès de grands feux, sans avoir été remarqué par quelque Indien, ce qui eût immanquablement entraîné sa mort. Il répondait à tout par son sourire placide, et, puisant une prise dans sa tabatière, il ajoutait invariablement qu'il ne pensait pas que les choses fussent aussi terribles que nous voulions bien les lui représenter.

Quant à son projet de rayonner autour de l'habitation pour herboriser à quelques lieues à la ronde, je lui démontrai qu'il était inexécutable. Je ne pouvais pas l'emmener dans mes courses de chasse, car il eût voulu s'arrêter à chaque plante tandis que je poursuivais le gibier; il ne pouvait pas être davantage question de le laisser errer tout seul dans la prairie, et j'essayai de l'en persuader en lui racontant une série d'aventures qui m'étaient arrivées depuis que j'habitais cette contrée. Ces explications données et mes conditions bien nettement formulées, j'accueillis mon nouvel hôte très-cordialement sous mon toit, lui marquant sa place à table, et lui montrant où il trouverait du fourrage pour sa mule et de l'eau pour blanchir son linge. Enfin, je l'installai aussi confortablement que les circonstances le permettaient.

Depuis longtemps, je nourrissais le désir d'explorer des parages plus écartés que ceux que j'avais appris à connaître dans mes excursions de chasse, et spécialement de longer les hauts plateaux qui s'étendent vers le nord. J'avais déjà fait quelques apprêts pour cette course d'exploration, lorsque M. Kreger vint me surprendre.

Je lui dis que s'il était disposé à m'accompagner dans cette tournée, il trouverait l'occasion de recueillir des plantes curieuses et d'enrichir ses collections; que, pour ma part, je me proposais de ne chasser qu'autant que ce serait nécessaire à notre subsistance, et que, cela étant, nous pourrions voyager de concert sans inconvénients.

Il fut ravi de cette ouverture, me supplia de l'emmener aussi loin que je voudrais aller, et j'y consentis à la seule condition qu'il montât un cheval; je l'engageais à choisir l'un des miens.

Mais j'avais touché là un point sensible: à l'entendre, aucun autre animal ne possédait les qualités de sa mule; et, comme je me montrais incrédule, il finit par parier qu'elle vaincrait à la course mon meilleur cheval. En guise de passe-temps, je fis aussitôt seller Lisette et mon étalon; un arbre, qui s'élevait dans la prairie à un demi-mille anglais de l'habitation, fut désigné comme but de la course, et mon botaniste enfourchant sa mule se mit en position pour s'élancer à travers les hautes herbes en même temps que moi et *César*. Sa Lisette, on n'en peut disconvenir, avait une vitesse surprenante; la queue et les oreilles tendues, elle recevait, de la meilleure grâce du monde, la grêle de coups de fouet qui fondait sur elle, et son rival en atteignant le but n'avait guère que vingt pas d'avance.

Cette course originale m'amusa royalement, et je ne marchandai pas mon admiration à maître Kreger et à sa mule. Mais, quand je leur eus largement payé l'honneur qui leur était dû, j'en revins à mon premier dire: je connaissais trop bien cette race têtue pour m'y confier au milieu de tous les périls que nous allions affronter. L'entêtement du mulet a passé en proverbe, et chacun sait qu'il suffit de se trouver dans la nécessité de presser son allure pour qu'il regimbe et refuse d'avancer.

Mais la confiance de Kreger en les perfections de sa Lisette était tellement robuste et inébranlable que toutes mes représentations restèrent vaines; on eût dit que l'intimité dans laquelle il vivait depuis plusieurs années avec sa mule, avait fait passer en lui une partie de l'opiniâtreté de la bête, et il persista à refuser toute autre monture pour l'excursion projetée.

Une semaine s'écoula en préparatifs: il fallut d'abord déferrer César, et enduire à différentes reprises ses pieds avec de la graisse d'ours, car les Indiens suivent la piste d'un cheval ferré, tout comme les loups flairent la trace sanglante du gibier. Après avoir moulu du café, j'en remplis quelques vessies; je me mis aussi à fondre des balles, à préparer du biscuit, et à tresser deux lassos avec des lanières de peaux de buffles toutes fraîches. Pour me les procurer, j'avais consacré une journée à la chasse, et M. Kreger, qui avait voulu être de la partie, en revint enchanté, croyant m'avoir donné une preuve désormais irréfutable de la supériorité de Lisette : pendant toute la chasse, elle avait littéralement suivi mon cheval comme l'ombre suit le corps.

Le jour du départ arriva; nous employâmes la matinée à seller nos bêtes et à distribuer notre bagage sur leurs flancs, de manière à incommoder le moins possible la monture et son cavalier. Il est très-important dans un climat aussi chaud de ne point accabler les chevaux de trop pesants fardeaux; non-seulement on risque d'entraver et de ralentir leur marche, mais encore d'obliger le cavalier à mettre pied à terre et à continuer sa route à pied, ce qui n'est ni agréable, ni facile dans un pays où les chemins sont inconnus.

Ce ne fut pas sans peine que le botaniste vint à bout de son propre équipement et de celui de sa bête, qui, sous son nouvel attirail, ressemblait plus à un rhinocéros qu'à un métis d'âne et de cheval. Il avait suspendu sur les épaules de Lisette, de chaque côté de la selle, deux larges sacoches bourrées de biscuit, de café, de tabac, etc., et recouvertes d'une épaisse peau d'ours. Sur ce premier chargement ballottaient les deux inévitables liasses de papier brouillard. La selle même supportait le porte-manteau, composé de deux grandes poches de cuir; le lasso rattaché par une infinité de nœuds pendait sur le cou de l'animal; et sa croupe disparaissait sous une poêle à frire, une cafetière, un gobelet et d'autres ustensiles de cuisine qui, se heurtant entre eux au moindre mouvement, ne produisaient pas précisément une musique très-harmonieuse. Toute cette boutique de bric-à-brac était recouverte d'une énorme peau de buffle, assujettie par une large courroie autour du corps de la mule comme une espèce de carapace, qui ne laissait passer que la tête et la queue et donnait assez à l'animal l'apparence d'une tortue; j'allais oublier de dire qu'entre ses deux oreilles se dressait, en guise de chasse-mouches, un gros bouquet d'une espèce de mûrier sauvage.

On peut croire que je ne me fis pas faute de démontrer au naturaliste l'insigne folie qu'il y avait à envelopper sa monture d'une pareille cuirasse : c'était vouloir l'épuiser de sueur et la faire mourir de fatigue. Mais il prétendit que c'était le meilleur moyen de la garantir des rosées de la nuit et, au besoin, des pluies d'orage, et j'en fus pour mes frais d'éloquence.

C'est sur le dos de cette espèce de monstre que le naturaliste se jucha, affublé d'une manière pour le moins aussi excentrique que sa mule. Il avait endossé une longue redingote, couleur chocolat, recouvrant jusqu'à mi-jambes un pantalon jaunâtre. A ses talons brillaient deux antiques éperons mexicains dont le diamètre mesurait pour le moins celui d'une pièce de cinq francs; et son accoutrement était complété par un chapeau de feutre gris à bords démesurément larges, pendants et bosselés, qui abritait sa figure longue et rose, ses grands yeux bleu-clair, sa bouche où le sourire semblait stéréotypé, et sa longue chevelure jaune-paille qui retombait jusque sur les épaules; cette coiffure pittoresque était surmontée d'un panache de verdure, analogue à celui qui ornait les oreilles de Lisette. Enfin, à son épaule droite pendait une grosse boîte de fer-blanc, et la gauche supportait un fusil à deux coups d'une longueur tout à fait inusitée. Kreger, on le voit, ne s'était pas plus ménagé que sa mule. C'est sous cet attirail fantasque qu'il se hissa dans ses étriers de bois, et, qu'ayant trouvé son équilibre, il se déclara prêt à se mettre en marche.

Je montais César sans autre addition à mon équipement de tous les jours qu'une sacoche pleine de provisions, reposant derrière moi sur ma selle recouverte d'une peau de tigre. J'emportais aussi un peu plus de poudre et de plomb qu'à l'ordinaire, mais c'était trop peu de chose pour que mon cheval s'en aperçût.

Après que j'eus recommandé à mes gens une grande prudence et indiqué les précautions à observer en mon absence, nous prîmes congé d'eux, et la porte se referma sur nous.

A un quart de lieue de l'habitation, nous fîmes un coude pour rejoindre sur la droite le Rio-Grande, dont les rives sont d'une ravissante beauté; les eaux du fleuve sont tellement transparentes que, si rien ne les agitait ou si elles ne charriaient pas des broussailles et du feuillage, on en serait à se demander si le lit du fleuve est à sec ou réellement recouvert d'une nappe liquide. On distingue à vingt pieds de profondeur chaque caillou, le moindre brin d'herbe, et l'on peut suivre les plus légers mouvements des innombrables poissons et des tortues qui pullulent dans ces eaux. Des groupes d'arbres gigantesques ombragent les flots limpides du Rio-Grande; à leurs branches s'enroulent des lianes vigoureuses, qui retombent ensuite en élégants festons ou vont se rejoindre d'une rive à l'autre en formant comme un dôme de verdure. Presque toutes ces plantes grimpantes portent des fleurs éclatantes, et leur feuillage est si touffu qu'il dissimule souvent celui des arbres qui leur servent d'appui.

Nous devions traverser ce beau fleuve à une place qui m'était bien connue pour être peu profonde; mais aux endroits même les plus faciles, le passage exige de grandes précautions, car le courant est très-rapide et les chevaux ont grande peine à ne pas glisser sur les petits cailloux blancs et polis qui tapissent le fond.

J'entrai le premier dans l'eau avec César, et Lisette me suivait docilement; mais son cavalier était moins maniable qu'elle, et il fallut employer tous les moyens de persuasion pour le détourner de descendre le courant pour cueillir quelques belles plantes aquatiques qui flottaient à sa surface. Rien ne lui paraissait plus facile, tandis qu'avec sa mule si pesamment chargée il se serait immanquablement noyé.

Je me souviens d'avoir à différentes reprises traversé le Rio-Grande à des endroits rapides: les chiens qui me suivaient, ne pouvant lutter contre le courant, avaient été plus d'une fois tellement roulés par les flots sur les rochers que, lorsque enfin ils parvenaient à reprendre pied, ils revenaient abîmés et couverts de sang.

Cette fois nous atteignîmes sans encombre

le bord opposé, et nous suivîmes alors dans la forêt une sorte de chemin profond, foulé de temps immémorial par les troupeaux de buffles qui longent le fleuve.

Il n'est pas nécessaire d'avoir trotté longtemps au grand soleil pour apprécier le bienfait de l'ombre épaisse et profonde qui règne sous ces voûtes de verdure impénétrables; l'air y est d'une délicieuse fraîcheur, on dirait qu'il s'est purifié en passant au travers de toutes ces couches de feuillage. Les forêts de cette partie du continent recouvrent d'ailleurs des terres élevées où ne se rencontrent pas, comme sur les bords du Mississipi, des marais et des eaux stagnantes qui corrompent l'air par l'émanation de végétaux en décomposition.

On ne peut pas se représenter de coup d'œil plus majestueux et plus imposant que celui d'une pareille forêt. Des arbres gigantesques, aux teintes et aux formes les plus variées, s'y enchevêtrent si étroitement qu'on se demande où leurs monstrueuses racines trouvent la place de s'étendre. On pourrait compter jusqu'à vingt espèces de chênes, parmi lesquelles le *chêne rouvre* est le plus beau et le plus grand; son tronc mesure jusqu'à 3 mètres de diamètre et sa cime atteint à une hauteur de 50 à 60 mètres. Au bord même du fleuve, les cyprès forment pendant une demi-lieue une haie si serrée qu'un homme aurait peine à passer au travers, et pourtant leurs troncs ont jusqu'à 2 et 3 mètres de diamètre, et leurs cimes élancées s'élèvent à 75 ou 80 mètres vers le ciel. Le *pacanier*, le tulipier, plusieurs espèces d'ormes, de mûriers, d'érables, de platanes, de peupliers et de frênes se pressent les uns contre les autres; et dès qu'un de ces géants périt et laisse une trouée par où l'on aperçoit un coin du ciel, de vigoureux rejetons poussent aussitôt et remplissent le vide.

D'innombrables espèces de plus petits arbres prospèrent sous cet épais ombrage et se frayent un passage au milieu des géants: ce sont des cerisiers et des pruniers sauvages, quelques variétés de noyers et de châtaigniers; au-dessous s'étalent les buissons les plus variés, chargés parfois des plus belles fleurs, qui rivalisent avec celles des lianes suspendues à toutes les branches. Enfin, le sol même sous les buissons est encore couvert d'une couche épaisse de plantes délicates qui se dérobent, il est vrai, à tous les rayons du soleil, mais qui n'en sont pas moins dignes de fixer les regards.

Le roi de ces forêts vierges est incontestablement le *magnolia;* il étend ses branches vigoureuses tout autour de lui, couvertes de feuilles foncées, lisses et brillantes, et sa tête majestueuse s'élève jusqu'à 50 mètres; il ne se dépouille en aucune saison de son feuillage sombre et luisant; mais il se diapre au printemps d'une telle multitude de fleurs énormes, aux pétales d'un blanc de neige, aux longues étamines dorées, qu'à ce moment il présente un aspect éblouissant. L'odeur de vanille qu'il répand autour de lui est tellement pénétrante qu'il serait dangereux de s'endormir sous un de ces magnolias en pleine floraison; il porte fort longtemps cette merveilleuse parure et ne s'en dépouille que pour y substituer des girandoles d'un rouge si ardent qu'aucun peintre ne pourrait en rendre l'éclat.

Notre chemin serpentait en nombreux méandres à travers cette magnifique végétation; un silence profond et solennel régnait autour de nous; on eût dit que toutes les créatures qui s'y réfugiaient contre les rayons ardents du soleil, s'y taisaient comme dans un sanctuaire pour y admirer avec recueillement. On n'entendait pas un oiseau, pas un insecte, pas un frémissement dans le feuillage, et le pas de nos montures résonnait seul dans la forêt silencieuse. Nous atteignîmes beaucoup trop tôt pour nous et pour nos bêtes le moment où notre chemin débouchait et se perdait dans la prairie, après avoir traversé une région de taillis clairsemés. A notre approche, des cerfs s'élançaient à droite et à gauche dans le fourré, et des troupes de coqs d'Inde fuyaient devant nous de leur pas rapide. Je laissai échapper les premiers, mais ensuite je tirai un vieux coq très-gras et de bonne mine que je suspendis à ma selle.

Le soleil était déjà assez bas à l'horizon, quand nous traversâmes la prairie, et nous ne pouvions y avancer que très-lentement; car l'herbe était en quelques endroits aussi haute que mon cheval. Nos pauvres montures étaient en nage; Lisette surtout faisait peine sous sa carapace, d'où la sueur ruisselait sur ses pieds mignons.

A la nuit tombante, nous atteignîmes un petit affluent du *Leone* sur la rive duquel je connaissais un joli endroit, parfaitement approprié à notre campement. Mon premier soin fut de décharger ma bête et ce fut fait en un instant, puisque je n'avais que deux courroies à délier pour enlever la selle avec mon bagage. Mais mon compagnon avait une bien autre besogne; et lorsque enfin il eut détaché les innombrables paquets sous lesquels sa mule était ensevelie, elle se présenta sous un aspect pitoyable. La pauvre Lisette était littéralement exténuée et près de rendre le dernier soupir; une écume blanche mêlée de poussière avait collé ses longs poils sur son corps en mèches enchevêtrées; sa queue effilée pendait toute raidie vers le sol, et comme elle n'avait plus la force de soulever la tête, ses longues oreilles tombaient presque jusqu'à terre avec leur gros panache fané.

Le pauvre animal faisait réellement mal à voir; aussi je déclarai rondement à M. Kreger que je ne ferais pas un pas de plus avec lui, s'il n'abandonnait pas sur place sa peau de buffle. Il finit aussi par se convaincre qu'à la longue sa Lisette ne résisterait pas à cet accoutrement; d'ailleurs, pour lui alléger ce sacrifice, je lui promis de lui tanner la peau du premier cerf que j'abattrais et de lui en faire hommage.

Cette convention faite, Lisette fut conduite au pâturage, attachée à un buisson, et nous organisâmes notre campement pour la nuit. Kreger se chargea de nous procurer du bois sec, et de remplir d'eau nos calebasses; je fis le feu, préparai le café, et, après avoir saupoudré, de poivre et de sel, de fines tranches de la poitrine du coq d'Inde, je les enfilai à une broche pour les rôtir à la flamme. Puis j'étendis ma peau de tigre sur l'herbe, par-dessus ma selle, mes pistolets et mes sacoches, et, ces simples apprêts terminés, je m'assis paisiblement sur ma fourrure auprès du feu, fumant ma pipe et m'amusant des combinaisons savantes de maître Kreger, qui faisait ses arrangements avec autant de minutie que s'il s'était agi de s'installer pour un mois.

Il commençait à faire sombre, notre souper était terminé. Nous fîmes boire nos bêtes, Lisette fut attachée dans notre voisinage, et César, après avoir longtemps fixé le feu, vint se coucher près de moi, derrière un buisson. Je rêvai d'Indiens toute la nuit, me réveillant en sursaut à tous moments; j'en profitais pour attiser le feu, et me recouchais ensuite en rapprochant de moi mon fusil. Le botaniste, lui, dormit comme une marmotte; emmaillotté dans sa peau de buffle et la tête appuyée sur un paquet de papier brouillard, il ronfla jusqu'au matin d'une manière si formidable que cette circonstance seule eût suffi à me donner des cauchemars.

Dès la pointe du jour, César se leva, étira

ses membres, bâilla deux ou trois fois, et après s'être secoué, il se dirigea vers Lisette qui était encore étendue dans l'herbe sans donner signe de vie.

Je secouai mon compagnon, et lui conseillai d'employer le moment où j'apprêtais le déjeuner, pour se livrer à ses études dans le voisinage. Il revint bientôt avec une telle brassée d'herbes et de fleurs que je dus lui faire remarquer que, s'il n'y apportait pas un peu plus de modération, Lisette serait dans deux ou trois jours hors d'état de porter son bagage.

Il nous fallait marcher toute la journée pour atteindre notre campement de la nuit suivante; mais la contrée m'était connue. Je l'avais parcourue à différentes reprises dans des tournées de chasse. Nous chevauchions d'un trot assez ferme, en dépit des hautes herbes, et vers midi nous atteignîmes un nouvel affluent du *Leone,* sur les bords duquel nous nous accordâmes quelques heures d'arrêt. J'en profitai pour explorer les buissons du rivage et tirer un cerf dont je rapportai la tête, quelques morceaux de chair et la peau. Après avoir proprement nettoyé la peau, j'ouvris le crâne, en retirai la cervelle, et la délayant avec un peu d'eau dans un vase d'étain, j'en enduisis tout le côté intérieur de la peau, puis j'en fis un rouleau serré et la donnai à M. Kreger en lui promettant de la rendre dès le lendemain tout à fait propre à son usage. C'est, en effet, de cervelle que les Indiens se servent toujours pour préparer leurs peaux, et elles deviennent fort belles. Au bout de 24 heures on les lave, on les suspend à l'ombre, et avant qu'elles soient complétement séchées, on les passe et repasse sur une lame de bois ou sur le dos d'un grand couteau de chasse, en les étirant jusqu'à ce que toute trace d'humidité ait disparu; elles deviennent par ce procédé souples comme du velours. Puis, pour leur conserver cette souplesse, même après qu'elles auraient été mouillées, on fait un trou en terre; on le remplit de vieux bois en pourriture, on y met le feu sans laisser la flamme éclater, et après avoir étendu la peau sur ce trou, on l'enfume des deux côtés jusqu'à ce qu'elle ait jauni de part en part, après quoi l'on peut être assuré qu'elle ne se durcira et ne se ratatinera plus.

Le botaniste profita de notre halte pour étendre au soleil les plantes qu'il avait recueillies le matin; mais il ne sut pas résister au plaisir d'en rassembler de nouvelles dans les alentours. Quand nous nous remîmes en route, la plus forte chaleur était passée et il pouvait être environ trois heures de l'après-midi. Dans cette direction, la contrée devient plus variée; les prairies moins étendues sont entrecoupées de groupes d'arbres et de buissons, et la monotonie de la plaine est rompue de temps à autre par de légères ondulations de terrain. L'herbe n'était plus aussi haute, ce qui permettait à nos montures d'accélérer leur marche. Lisotto surtout se ressentait évidemment de l'heureux changement qui s'était opéré depuis la veille dans son équipement; elle trottait allégrement, d'un pied léger, côte à côte avec César, qui, dans ces sortes d'excursions, allait toujours l'amble: habitude précieuse, car sans fatiguer le cheval, elle accélère sa course.

A la tombée de la nuit, nous atteignîmes le fleuve «*aux Coqs d'Inde*», que j'avais ainsi nommé en l'honneur des innombrables troupes de ces bipèdes que j'y avais précédemment rencontrées. Il faisait encore tout juste assez clair, pour nous permettre de choisir une place favorable à notre campement, dans un bon pâturage suffisamment abrité pour ne pas trahir au loin notre présence.

Nous touchions à la limite des parages qu'aucun blanc n'a jamais foulés, et il fallait nous tenir en garde contre une surprise. Après avoir délivré nos bêtes de leur fardeau, nous les laissâmes paître en liberté, tout en les surveillant de près. Par surcroît de précaution, une courte lanière rattachait le licol de César à un anneau bouclé à l'une de ses jambes de devant, et l'obligeait, soit à baisser la tête, soit à lever le pied: c'est dire qu'il ne pouvait se mouvoir que pas à pas, et échappait ainsi au danger d'être pourchassé et enlevé par quelque voleur nocturne.

Avant de nous endormir, nous recouvrîmes notre feu de cendres, et attachâmes nos montures tout près de nous. Vers minuit je m'éveillai, croyant avoir rêvé d'un orage. En réalité, toutes les étoiles avaient disparu du firmament. Au même instant un éclair brilla au-dessus de nos têtes, accompagné d'un formidable roulement de tonnerre. Je me levai en sursaut, et, ranimant le feu, j'entassai une nouvelle brassée de branchages sur le brasier; puis j'éveillai mon compagnon ronflant, qui se leva en chancelant, fort effrayé d'être si subitement tiré de son sommeil. Je lui conseillai de suivre mon exemple, et, arrachant à la hâte toutes les branches et broussailles qui étaient à ma portée, j'en fis un tas assez élevé, sur lequel je déposai mes pistolets, mes sacoches, ma selle, recouvrant le tout de ma peau de tigre et de la couverture de laine qui protégeait toujours le dos de mon cheval; quant à Kreger, il regretta beaucoup en cette circonstance de ne plus avoir sa peau de buffle, mais, enfin, nous parvînmes à mettre tout son ménage à l'abri.

Tandis que nous étions occupés de ces arrangements, le tonnerre et les éclairs se succédaient sans intervalles. Bientôt nous entendîmes un bruissement semblable à une cascade lointaine; c'étaient les mugissements de la tempête qui se rapprochait.

J'avais assez l'expérience des terribles orages de ces contrées, pour ne négliger aucune des précautions nécessaires. J'allai détacher le lasso de César, et, passant sa bride par-dessus mon épaule, je fis signe à Kreger d'en faire autant à sa mule. Mais le pauvre homme avait complétement perdu la tête; il courait tout ahuri tantôt à son tas de bagages, tantôt à Lisette. Cependant l'ouragan se déchaînait sur nous dans toute sa violence; il faisait craquer les grands arbres jusqu'à la racine et balayait le sol devant lui, en poussant un véritable tourbillon de poussière, de feuilles et de branchages. La flamme du brasier, rasant la terre en langues effilées, envoyait jusqu'à la forêt des gerbes d'étincelles qui brillaient d'un éclat sinistre dans l'obscurité profonde de la nuit, tandis que le tonnerre mêlait ses roulements aux hurlements du vent et faisait littéralement trembler le sol sous nos pieds.

J'eus toutes les peines du monde à faire comprendre à mon compagnon qu'il devait se rapprocher de moi. J'avais choisi comme abri pour César et pour moi un jeune chêne très-élancé, garanti par d'épais buissons recouverts de vigne grimpante, et je m'étais prudemment éloigné de deux platanes gigantesques qui gémissaient sous l'effort redoublé de la tempête.

La fureur de l'ouragan allait encore en croissant, les craquements se succédaient, la cime des deux platanes s'inclinait de plus en plus, et par une secousse semblable à un tremblement de terre, l'un d'eux, rompu à mi-hauteur, tomba avec un fracas épouvantable. L'instant d'après, son compagnon déraciné était précipité tout juste en travers de notre feu dont les débris rejaillirent de toutes parts comme les éclats d'une bombe.

César bondit et aurait rompu dix lassos dans sa frayeur, si je n'avais été préparé à ses soubresauts, et ne l'avais à la fois suivi et contenu en le retenant légèrement par la bride. Le naturaliste, qui n'avait pas voulu lâcher son lasso, fut au contraire traîné dans l'herbe par sa pauvre mule épouvantée.

Les premières gouttes de pluie commencèrent à tomber, et dès lors la plus grande violence de l'ouragan était passée. Je ramenai César sous le chêne, et, appelant Kreger auprès de moi, je me tins comme un piquet sous mon chapeau à larges bords. La pluie tombait à torrents, et au bout de quelques minutes nous n'avions plus un fil sec sur le corps; de vrais ruisseaux coulaient entre nos pieds, et le vent nous glaçait jusqu'à la moelle des os. Nous nous tenions silencieux comme des hérons, et il faisait si sombre que nous ne nous apercevions pas, bien que nous touchant de la main. Pourtant il fallait s'estimer heureux de compter encore parmi les vivants, et bénir Dieu de sentir nos montures auprès de nous.

Il plut jusqu'au jour, que personne sans doute ne vit jamais poindre avec plus de satisfaction que nous. Avec le retour de la lumière, nous saluâmes un ciel entièrement rasséréné. Le plus difficile alors fut de rallumer le feu. Tout mon bagage était parfaitement sec, et j'y retrouvai mon briquet, mais il n'y avait guère moyen de se procurer du bois non mouillé. J'en découvris enfin sous un vieux chêne fort élevé, et M. Kreger dut sacrifier un peu de son papier brouillard pour mettre le feu en train. Nous y jetâmes alors tant de brassées de bois mort, que bientôt nous eûmes pour nous ressuyer un formidable brasier. Le ménage de mon compagnon avait subi quelques avaries, mais le dommage était facile à réparer et nous n'en déjeunâmes pas moins de grand appétit.

Les rayons du soleil vinrent bientôt éclairer la dévastation produite par l'orage de la nuit précédente, et nous découvrir un obstacle inattendu et presque insurmontable qui allait nous forcer peut-être à un grand détour.

Le fleuve très-insignifiant auprès duquel nous avions campé s'était transformé en un torrent furieux, si large et si profond qu'il ne pouvait être question de le traverser. Je ne me pardonnais pas mon étourderie de la veille au soir, qui m'avait fait négliger de passer sur l'autre rive, avant de camper pour la nuit : ce qui est de règle invariable dans un pays où les eaux montent parfois de 15 à 20 pieds dans l'espace de quelques heures. Ces inondations, il est vrai, s'écoulent assez rapidement; mais comme je n'avais pas envie d'attendre dans l'immobilité que le fleuve rentrât dans son lit, je proposai à mon compagnon d'en remonter le cours jusqu'à ce que nous trouvions un endroit où la traversée pût s'opérer sans danger.

Nous trottâmes ainsi plus de deux heures le long de la rive, la forêt s'éclaircissant de plus en plus pour faire place à des éboulements de rochers entremêlés de grandes fougères et d'arbres renversés, qui finirent par rendre notre route impraticable. Il nous fallut décrire un grand circuit, et nous ne parvînmes à rejoindre le fleuve qu'après plusieurs heures de marche pénible.

En cet endroit il était singulièrement rétréci; les rives étaient à sec, et un vieux cyprès, sans doute déraciné par la tempête, formait en travers du fleuve une passerelle improvisée. Nous fîmes halte; je gagnai sur le tronc du cyprès le bord opposé et le sondai à l'aide d'une longue perche afin de m'assurer tout d'abord si le terrain, fortement incliné, était assez solide pour que nos montures pussent remonter la pente sans risquer de glisser et de rouler le long de la berge jusque dans l'eau. — L'ayant trouvé tel que je le souhaitais, je repassai le fleuve pour débarrasser César de son bagage et en transporter toutes les pièces une à une sur l'autre rive. J'avais eu soin auparavant de dépouiller le cyprès de celles de ses branches qui auraient pu nous gêner, et de couvrir le tronc d'entailles, afin de le rendre plus raboteux.

Ces préliminaires achevés, je nouai un bout du lasso au mors de mon cheval; je gagnai l'autre rive avec le bout opposé, et j'appelai à moi mon fidèle coursier. César hésita quelques instants, car le talus qui encaissait le torrent était assez escarpé; mais un second appel le décida, et, sautant d'un seul bond dans le fleuve, il le traversa en quelques instants et arriva sain et sauf à mes côtés. Kreger suivit mon exemple, mais Lisette ne voulait pas tenter le saut périlleux, de sorte que je dus venir à son aide en la poussant brusquement par la croupe; elle fit un plongeon, mais ne tarda pas à gagner le rivage à son tour.

Après avoir rechargé tout notre attirail, nous descendîmes le long du fleuve jusqu'en regard de la place où nous avions passé la nuit. Comme il était midi, nous jugeâmes, bien que la chaleur ne fût pas excessive, qu'il convenait d'accorder un peu de repos à nos montures, et de faire une légère collation; à deux heures nous étions de nouveau en selle. A partir de cet endroit, le pays m'était complétement inconnu, et il s'agissait de bien nous assurer de la direction que nous allions prendre. Je consultai ma boussole et, une fois bien orientés, nous nous acheminâmes vers le nord-ouest.

Nous n'avions pas fait une lieue que toute

trace de pluie avait disparu. Évidemment l'orage de la nuit précédente s'était borné à la région fluviale; ce qui est fréquemment le cas. Souvent ces ouragans sévissent sur un espace dont la largeur ne dépasse pas un kilomètre, et parcourent dans leur course furieuse des milliers de lieues avant d'épuiser leur rage, ne laissant rien debout sur leur passage.

Le pays était redevenu plat, mais gracieux et agréable. La prairie dans cette région est semée de groupes de chênes qui rompent l'uniformité des lignes et offrent par intervalles un peu d'ombrage et de fraîcheur. Le temps étant admirable, l'air très-pur, nous convînmes de ne faire halte qu'assez avant dans la soirée; la lune nous promettait un demi-jour suffisant pour nous orienter. Notre nuit s'écoula très-paisiblement sur la lisière d'un petit bois de chênes, et nous nous réveillâmes frais et dispos.

Nous étions en selle une demi-heure après le lever du soleil, nous dirigeant vers une forêt dont la ligne bleuâtre se dessinait à l'horizon. D'après mon calcul elle devait être à deux lieues; la prairie s'étendait sans la moindre ondulation, l'herbe était peu haute et quelques arbres isolés servaient de points de repère pour mesurer la distance. Derrière nous s'étendait en demi-cercle le bois de chênes au bord duquel nous avions passé la nuit, et qui ne laissait pas de m'inspirer quelque inquiétude, car rien n'était plus facile que de nous observer de cet abri, sans que nous fussions avertis du moindre danger.

Aussi j'engageai mon compagnon à presser le trot de sa monture, tant que nous étions sur un chemin uni et facile: j'avais hâte de traverser cette grande plaine découverte où je me sentais involontairement inquiet. J'encourageai César de la voix, et nous avions atteint environ le milieu de la prairie, lorsque mon cheval commença à s'agiter et voulut prendre le galop. Je cherchai à le calmer, mais il se mit à souffler bruyamment et ni caresses ni menaces ne parvinrent à le maîtriser.

J'interrogeais l'horizon à droite, à gauche, sans rien découvrir de suspect, lorsque, retournant brusquement la tête, j'aperçus, à ma grande terreur, une troupe d'Indiens arrivant droit sur nous à fond de train. — D'un coup d'œil je mesurai la distance qui nous séparait encore de la forêt où nous pouvions espérer un refuge; mais ensuite mes regards tombèrent avec une véritable angoisse sur la mule qui trottait à mes côtés. La horde d'Indiens devait au moins compter cent hommes, et, par conséquent, appartenir à une tribu puissante, pourvue d'excellents chevaux et d'armes parfaites.

Le pauvre Kreger n'appréhendait pas le moindre danger, et sifflait un petit air avec son insouciance habituelle. Je me contins, afin de ne pas l'effrayer, et le priai seulement de presser sa mule; en même temps je lâchai la bride de mon cheval qui fit quelques bonds en avant.

Je ne sais si mon compagnon remarqua quelque altération dans mes traits ou dans ma voix, mais il se retourna vivement, et, nous voyant chargés par la horde sauvage, il ne put que crier: Grand Dieu! les Indiens!

et pressant convulsivement ses éperons dans les flancs de Lisette, il tira si violemment la bride de la pauvre bête qu'il lui déchira la bouche avec le mors.

Le teint si frais du pauvre botaniste avait fait place à une pâleur de mort et ses yeux hagards étaient effrayants à voir. Je m'efforçai de lui faire entendre que s'il consentait à lâcher la bride, certainement Lisette suivrait mon cheval, et qu'alors nous atteindrions sans encombre la forêt où les Indiens cesseraient d'être un danger pour nous. Mais l'infortuné Kreger ne voyait et n'entendait plus rien. Frappé d'épouvante, il regardait avec égarement devant lui, sans bouger, tandis que Lisette, baissant la tête entre les jambes, se mettait à ruer de toutes ses forces.

Le danger croissait de minute en minute, et déjà le vent nous portait les hurlements de la bande de cannibales... Je m'approchai de Kreger et cherchai à lui arracher les rênes de la main, mais en vain. Sa tête, inclinée sur le cou de la mule, recouvrait ses mains convulsivement fermées, et ni prières, ni représentations n'arrivaient à son oreille. Il m'était impossible de contenir mon cheval plus longtemps, tantôt il se cabrait, tantôt il bondissait en avant. Sur ces entrefaites, les Indiens s'étaient tellement rapprochés que j'entendais leurs voix et distinguais parfaitement les couleurs criardes qui enluminaient leurs laids visages. Mon cheval était fort excité, et il ne fallait qu'un faux pas pour m'enlever toute chance de salut.

Je criai encore une fois à Kreger d'entendre raison et d'abandonner les rênes; mais en vain: le malheureux était comme hébété. Les minutes étaient comptées; en tardant davantage je me perdais sans sauver mon compagnon. Je cessai de contenir César et il m'emporta comme le vent. Après quelques minutes d'une course effrénée, j'arrêtai mon cheval pour jeter un regard sur l'infortuné Kreger. La horde sauvage le serrait de près, quelques secondes de plus, et un épais nuage de poussière, en l'enveloppant, le déroba à ma vue...

Des hurlements de victoire dont le motif ne m'était que trop connu, arrivèrent alors distinctement à mon oreille. Je m'affermis sur ma selle, et flattant César de la voix, je lui lâchai complétement la bride, nous partîmes comme un trait. Je me retournai encore une fois, un groupe serré de peaux-rouges me suivait de près et leurs cris féroces me donnaient à entendre qu'ils en voulaient aussi à ma vie.

Néanmoins l'intervalle qui nous séparait augmentait visiblement, je repris haleine, et ma colère domina bientôt le sentiment de compassion et l'anxiété qui m'avaient oppressé jusque-là. La forêt n'était plus éloignée; j'ignorais s'il me restait un fleuve à traverser avant de gagner un abri, mais dans ce cas, j'étais bien résolu à m'y précipiter avec César, et, dans cette éventualité, je l'encourageais et l'excitais de la voix. Il semblait avoir des ailes et effleurait à peine le sol.

Il n'y avait heureusement pas de fleuve à la lisière du bois, et j'atteignis bientôt la forteresse de verdure où César pénétra haletant, couvert d'écume et de poussière, tandis que mes persécuteurs, réduits à un petit nombre, s'arrêtaient à une grande distance de moi dans la prairie. J'agitai mon mouchoir en leur faisant signe d'approcher, car j'aurais été bien aise de venger mon malheureux camarade. Mais ils s'en retournèrent, et je suivis à pied, en conduisant César par la bride, le sentier de buffles qui s'enfonçait dans la forêt.

Après avoir erré pendant une heure environ dans l'ombre épaisse, me frayant passage à travers des lianes innombrables, j'atteignis un torrent encaissé, dont le bord escarpé dominait le courant d'au moins quinze mètres. La forêt était si touffue qu'il semblait impossible de descendre ou de remonter le fleuve, surtout avec mon cheval, et, quant à passer la nuit en cet endroit, il n'y avait pas à y songer; outre que César n'y eût rien trouvé à brouter, j'aurais été trop facilement découvert par les Indiens, s'il leur avait pris fantaisie de me poursuivre.

Mon parti fut bientôt pris, je sautai en selle et, suspendant mes pistolets et ma sacoche à mes épaules, je me dirigeai vers le fleuve. La berge était si escarpée qu'il ne pouvait être question de la descendre au pas. Mon brave César, moitié roulant, moitié glissant, atteignit le bord de l'eau, et, ne pouvant plus s'y retenir, fut en quelque sorte précipité dans le torrent. Au premier moment il disparut sous les flots, sa tête seule surnageant encore; mais, d'un vigoureux effort, il remonta à la surface et se mit à fendre les eaux limpides en soufflant bruyamment.

En dépit de la rapidité du courant, nous abordâmes sur l'autre rive, tout juste à l'endroit où le sentier de buffles remontait la berge; elle était de ce côté également raide et élevée; mais les forces de mon brave étalon grandissaient avec les difficultés; et, tandis que ses pieds délicats s'enfonçaient dans la terre molle et détrempée, il prenait un élan qui me força à me tenir à son cou pour ne pas glisser à bas de ma selle; cet élan nous porta au sommet du ravin.

J'avais remarqué qu'en aval la forêt s'éclaircissait et que le fleuve n'était pas aussi profondément encaissé que dans le plus épais du fourré; aussi j'arrivai bientôt, en suivant le courant, à un endroit où les bords s'abaissaient en pente douce et me permettaient d'abreuver commodément mon cheval; il y avait, tout auprès, de fort beau blé sauvage et un gazon si touffu que je résolus de passer là la nuit. Je m'y trouvais d'ailleurs placé de manière à dominer la prairie que je venais de traverser et à découvrir de fort loin toute tentative de poursuite, si les Indiens avaient essayé de se mettre à mes trousses.

J'allumai un petit feu pour sécher mes habits et me faire une tasse de café, car j'étais transi et passablement abattu. Puis César s'étendit auprès de moi, et je reposai, pendant quelques heures, la tête appuyée sur son col, le remerciant par mes caresses de sa fidélité et de son courage. Il était harassé et poussait parfois de gros soupirs; mais il ne bougea pas de toute la nuit.

On peut s'imaginer que moi, je ne dormis guère; la scène d'horreur à laquelle je venais d'échapper; la mort cruelle du botaniste, que je ne pouvais mettre en doute, m'entouraient de visions sinistres. D'ailleurs mon malheureux compagnon me manquait, et l'isolement pesait lourdement sur moi; je me reprochais d'avoir consenti à laisser Kreger monter sa mule, connaissant le grand danger auquel elle l'exposait. Il était hors de doute pour moi que cette monture avait causé sa perte; néanmoins j'étais résolu à m'assurer dès le lendemain de ce qu'était devenu le pauvre garçon.

Par intervalles, je m'assoupissais de fatigue, mais les hurlements d'un loup ou le cri plaintif de la panthère me réveillaient en sursaut, et alors j'épiais le moindre bruissement dans le feuillage. La nuit était très-fraîche, le sol humide, la rosée extrêmement forte, et j'étais si mal à l'aise, de corps et d'esprit, que j'attendais le jour avec une impatience inexprimable. Le soleil levé, il me fallut attendre le réveil de César pour m'apprêter au départ; le vaillant animal n'en pouvant plus, je devais lui accorder un repos complet. Quand nous nous remîmes en route, ce fut pour chercher un endroit facile où traverser le fleuve. Revenu dans la funeste prairie, je la fouillai du regard dans toutes les directions, mais sans y découvrir, même à l'aide de ma lunette, autre chose que des cerfs et quelques troupeaux de buffles errants.

J'eus bientôt retrouvé l'empreinte qu'avaient laissée les pieds de César lorsqu'il m'emportait la veille loin de la horde sauvage, et je pus constater que d'autres chevaux n'avaient point suivi les traces.

De fort loin déjà, je découvris le lieu fatal; le soleil éclairait le cadavre sanglant de l'infortuné botaniste, il était étendu sur l'herbe, la tête scalpée, et le corps criblé de flèches et de coups de lances. On l'avait entièrement dépouillé de ses habits, et il ne restait de tout son attirail que mes pistolets et mon fusil à deux coups; le papier brouillard même avait disparu.

J'aurais bien voulu emporter cette triste dépouille dans la forêt pour l'y ensevelir; mais j'étais incapable de traîner un pareil fardeau pendant près d'une lieue; il me fallut donc l'abandonner aux animaux sauvages, et poursuivre seul ma route.

T. II, p. 218.

LA MORT DU NATURALISTE.

IV.

Les grottes de Mammouth dans le Kentucky.

La distance qui sépare les grottes de Mammouth de Louisville est de 90 milles anglais (environ 150 kilomètres); la route, une des meilleures de l'Ouest, traverse un pays presque plat, boisé, où apparaissent de temps en temps, comme unique diversion, des plantations de tabac et de céréales: c'est d'une monotonie désespérante. Nous avions pris place dans une diligence moins mauvaise que les malles-poste de la Géorgie ou de l'Alabama; mais la pluie tombait à torrents; les roues, à tous moments, s'enfonçaient dans la boue jusqu'à l'essieu; et, à partir de Manford, le chemin de traverse où l'on s'engage devient si mauvais que nous dûmes plusieurs fois mettre pied à terre, et pousser aux roues pour franchir les passages difficiles. Aussi fut-ce avec une satisfaction sans mélange que nous atteignîmes l'auberge où il est d'usage de passer la nuit, pour se faire conduire, le jour suivant, à la grotte des Géants.

Mon compagnon et moi, nous étions harassés; mais un verre d'eau-de-vie de pêches, avec lequel le vieil aubergiste nous souhaita la bienvenue, ranima un peu nos esprits, et, après y avoir ajouté un bon souper, nous allâmes chercher au fond de nos lits un repos d'autant plus nécessaire que la journée du lendemain nous promettait d'assez grandes fatigues.

Le ciel, fort heureusement, s'éclaircit durant la nuit, et la matinée était fraîche et agréable quand nous nous mîmes en route; nous avions pris pour guide un nègre nommé Stéphan, et, un Irlandais s'étant encore joint à nous, nous formions une troupe juste assez nombreuse pour jouir des merveilles des grottes de Mammouth sans rien perdre des explications de notre cicerone.

Les grottes de Mammouth, qui doivent leur

nom à leurs proportions gigantesques, sont de formation calcaire, et s'ouvrent dans un pays montagneux, boisé d'épaisses forêts de chêne. Un chasseur les découvrit en 1801 en poursuivant un loup dans une de ces galeries souterraines, mais ce n'est qu'en 1840 qu'on les parcourut pour la première fois dans toute leur étendue. Depuis lors leur réputation y attire chaque année un grand nombre d'Américains et d'étrangers de toutes les parties du monde.

La caverne a environ 12 kilomètres de longueur; mais, en comptant ses embranchements qui s'entre-croisent et s'étendent dans toutes les directions, on pourrait mesurer jusqu'à 200 kilomètres de galeries souterraines, peut-être davantage. Nous étions bien résolus, quant à nous, à aller aussi avant que possible. Après avoir payé nos trois dollars d'entrée et nous être munis de lampes, nous nous engageâmes, notre guide en tête, dans un couloir de 15 mètres de long, assez semblable à une entrée de mines; on nous fit descendre une centaine de marches taillées dans le roc, et nous arrivâmes dans une belle galerie à la fois haute et large, une véritable nef de cathédrale où l'on circulait tout autrement bien que sur la route de Louisville à Bell's Tavern. Pendant la guerre avec l'Angleterre en 1812, on en avait fait un dépôt de salpêtre et une fabrique de poudre. Notre guide ne nous permit pas de rester longtemps en contemplation et nous entraîna tout de suite vers les *Maisons des Invalides*. Ces maisons, ou pour mieux dire ces huttes, ont été construites en 1841 par un certain Dr Mitchell (médecin à Glasgow, dans le Kentucky) pour servir d'habitation à des phthisiques. Le Dr Mitchell s'était imaginé que la température invariable et toujours sèche de ces grottes en ferait pendant l'hiver un séjour précieux pour les malades souffrant du larynx ou des poumons. Ces maisonnettes sont bâties en moellons et munies de fenêtres, tout comme si le jour pouvait y pénétrer; une sorte de tente les recouvre en guise de toit, de façon à empêcher la poussière de tomber dans les appartements. On y installa un nombre suffisant de gardes-malades, et au mois de septembre de la même année, dix-sept phthisiques allèrent s'établir dans ces demeures souterraines.

Il fallait qu'ils attachassent un bien grand prix à une prolongation d'existence pour tenter de l'acheter au prix d'un traitement aussi lugubre, en se privant d'air pur et de lumière pour un temps illimité. Pendant quatre mois, pas un des malades ne quitta la grotte, et ne s'approcha même de l'entrée pour entrevoir un rayon de lumière. On leur prodiguait, du reste, tous les raffinements du luxe et toutes les distractions compatibles avec la disposition des lieux: la grotte était bien éclairée de jour comme de nuit; on y transportait les meubles les plus confortables, les mets, les boissons, les rafraîchissements les plus délicats; dans les premiers temps, la vie qu'on y mena fut singulièrement animée. On organisa même des promenades dans les différentes parties de la caverne qui offraient le plus d'intérêt, et les malades qui n'étaient pas absolument cloués dans leur lit y prenaient part. Les sombres défilés, jusque-là déserts et silencieux, retentirent de chants et de concerts; on y dansa même; mais en dépit de cette gaîté factice, on s'aperçut dès le troisième mois que les dix-sept malades dépérissaient rapidement, et qu'au déclin de leurs forces s'ajoutaient des maux d'yeux et une insurmontable mélancolie. Toutefois, chose singulière, ces symptômes inquiétants n'ébranlèrent en aucun d'eux la foi en une prochaine guérison. Il fallut que la mort en enlevât plusieurs à des intervalles très-rapprochés pour que les survivants, saisis, pour le coup, d'une terreur panique, quittassent en masse leur résidence souterraine. Ils moururent tous peu de temps après avoir revu la lumière; le docteur les suivit de près, et son système fut enterré avec lui.

Du reste, la caverne des Géants n'a point été utilisée uniquement en vue d'intérêts terrestres et matériels; elle a servi aussi à des usages spirituels. Pendant plusieurs années consécutives, des méthodistes, accourus de près et de loin, tinrent leurs assemblées religieuses sous ces voûtes grandioses, brillamment illuminées pour la circonstance; ce devait être un

T. II, p. 224.

UN SERVICE DIVIN DANS LES GROTTES DE MAMMOUTH.

spectacle saisissant que cette foule chrétienne agenouillée dans ces nouvelles catacombes, et son pasteur appelant sur elle, du haut d'une aiguille de rocher, la bénédiction du Seigneur.

Après les Maisons des Invalides, nous visitâmes le *Cercueil du Géant,* énorme bloc calcaire en forme de carré long, qui occupe le centre d'une excavation latérale. On sort de là par un couloir bas et humide qui sert de repaire à des légions de chauves-souris; la voûte s'y abaisse tellement à certains endroits qu'on est obligé de ramper. C'est le *Chemin de l'Humilité;* on n'y peut lever la tête sans se heurter contre le roc. Ce passage débouche dans une sorte d'amphithéâtre où nous fîmes notre première halte. Assis sur des blocs de pierre, nous y goûtâmes d'une petite source qui jaillit du sol, mais dont la saveur soufrée n'est pas du tout agréable.

Pour pénétrer plus avant, il faut franchir, en s'aidant des genoux et des mains, un passage plus étroit encore que le précédent; il conduit au *Fleuve des Échos,* qui partage les grottes en deux parties.

Nous trouvâmes au rivage une barque pour gagner l'autre bord. Un silence effrayant et solennel régnait en cet endroit. Notre nacelle fendait sans bruit les eaux profondes ; les sombres rochers dont le sommet se perdait dans les ténèbres, les parois verticales, hérissées de dentelures et d'aiguilles, éclairées par les lueurs incertaines et vacillantes de nos lampes, et projetant des ombres mobiles et fantastiques, se revêtaient pour nous des formes les plus capricieuses et les plus étranges. Nous croyions voir des contours d'arbres, d'herbes, de fleurs voilés par d'épais nuages, et un silence de mort régnait sur cette mystérieuse nature, un silence comme celui qui précède les grandes tempêtes. Nous étions tous profondément saisis, aucun de nous ne songeait à ouvrir la bouche; soudain Stephen entonne un chant, un chant de guerre indien, et l'on eût dit que sa voix vibrante et sonore, renvoyée par des centaines d'échos, éveillait tous les esprits de l'abîme et des ténèbres et qu'ils lui répondaient de toutes parts.

La dernière note expirée, tout rentra dans

le silence de la tombe. Mais bientôt M. Brady déchargea son revolver à six coups, et de ma vie je n'ai entendu un écho aussi puissant et aussi prolongé que celui de cette détonation. Ce fut un vrai coup de tonnerre répercutant sur toutes les parois ses longs roulements, ou si vous l'aimez mieux, un bruit à faire croire que des milliers d'animaux féroces hurlaient en chœur autour de nous, avec accompagnement d'une fusillade bien nourrie. La surface même du fleuve en frémit, et je suis sûr que dix minutes au moins se passèrent avant que les vibrations de l'air se fussent éteintes. Le calme était à peine revenu, que Stephen se mit à chanter une de ces chansons nègres dont le Sud possède un si vaste répertoire. Comme nous la connaissions pour l'avoir entendue dans des excursions précédentes, nous joignîmes bientôt nos voix à la sienne pour entonner le refrain, et nous chassâmes ainsi peu à peu nos papillons noirs : c'est en badinant et en riant de bon cœur que nous atteignîmes la rive opposée.

Stephen, qui pouvait avoir une trentaine

d'années, appartenait au propriétaire des grottes de Mammouth, et il faisait depuis plus de dix ans le métier de guide; j'ai appris depuis qu'à la mort de son maître, il avait été affranchi et avait émigré à Liberia. Pendant les années employées à guider les étrangers dans les grottes, il avait acquis une culture d'esprit inusitée parmi les hommes de sa condition. En accompagnant des savants, il avait prêté l'oreille à leurs réflexions, sa mémoire avait retenu une foule de noms latins et de termes scientifiques, dont il se faisait honneur quand il avait à guider des profanes. Non-seulement Stephen parlait très-bien l'anglais et le français, mais il était même parvenu, à lui seul, à apprendre à lire et à écrire. Il nous raconta que jamais on n'avait eu d'accident à déplorer dans les grottes: une fois seulement un étranger y avait été saisi d'un violent accès de fièvre; mais lui, Stephen, l'avait chargé sur ses épaules et porté pendant trois heures jusqu'à l'ouverture de la caverne, où l'air frais l'avait immédiatement soulagé. Parfois aussi les fleuves qui sillonnent ces galeries souterraines (on en compte plusieurs, outre le fleuve de l'Écho, entre autres le Styx et le Léthé) se gonflent subitement après des pluies d'orage, et, fermant les issues, retiennent les touristes prisonniers; mais dans cette extrémité même, il reste la ressource de s'engager dans un étroit couloir, où l'on rampe dans la boue sur ses mains et ses genoux: cet expédient est habituellement préféré à la perspective de rester pendant quelques jours captif dans les ténèbres, en y souffrant la faim et la soif.

Une longue et large galerie voûtée forme ce qu'on appelle l'*Avenue de Cleveland;* les parois en sont ornées de gypse cristallisé d'une merveilleuse beauté, dont les débris jonchent le sol, car chaque voyageur désire rapporter quelque souvenir de son excursion, et détache plus de ces cristaux qu'il n'en peut prendre avec lui. Plus nous avancions, plus ces étranges formations devenaient ravissantes; de délicates fleurs blanches, plus éclatantes que la neige, étaient suspendues à la voûte par des tiges frêles et déliées; des tourelles, des flèches, des clochetons s'amoncelaient le long des parois, mêlés à des feuillages fantastiques, et, se détachant sur le roc sombre, y formaient les dessins les plus bizarres et parfois les plus gracieux. Il est impossible de trouver des expressions pour décrire dignement cette galerie féerique. Faites au printemps un bouquet des fleurs les plus belles, et prêtez-leur dix fois plus de grâces qu'elles n'en ont en réalité; représentez-vous ces fleurs délicates transformées en un marbre éblouissant, du grain le plus fin, et vous aurez à peine une idée de ce qu'on voit dans l'Avenue de Cleveland. Toutes les formes fantastiques que la gelée fait éclore sur les vitres de nos fenêtres semblent avoir pris corps; nous pouvons les toucher sans craindre qu'elles se fondent sous nos doigts; nous y retrouvons en miniature l'image de tous les animaux imaginables, au milieu d'arbres et de fleurs qui semblent éclos sur le roc froid et sombre, et y avoir pris vie dans le silence et les ténèbres. Il semble qu'un monde féerique, pétrifié par quelque sortilége, se déroule soudain aux regards étonnés.

Quand on quitte l'Avenue de Cleveland, l'air

devient mou et humide ; les parois se mouillent et l'on entend des filets d'eau invisibles ruisseler dans toutes les fentes. M. Crandall enfonça jusqu'aux genoux dans une flaque d'eau et se mit à crier au secours ; mais Stephen le rassura, affirmant qu'il n'y avait aucun danger : « Seulement, sortez au plus vite, ajouta-t-il gaiement, et venez prendre votre part du dîner que nous allons faire auprès d'une source qui jaillit ici. »

Nous tombâmes à belles dents sur les provisions, et après les avoir arrosées de quelques flacons de bon vin, et avoir remis de l'huile dans nos lampes, nous étions pleins d'une nouvelle ardeur pour reprendre notre course souterraine.

Il s'agit d'abord d'escalader une assez haute échelle, puis de nous glisser à travers une ouverture fort étroite ; notre guide alors nous cria de lever les yeux. Était-ce une hallucination ? étions-nous bien éveillés ? au-dessus de nos têtes pendaient de magnifiques grappes de raisins ; les sarments noueux serpentaient le long des parois et traînaient jusqu'à terre, et quand la lumière de nos lampes vint les frapper en plein, nous vîmes à nos pieds les fruits à demi recouverts de larges feuilles. En vérité, il me fallut les toucher de mes mains pour m'assurer que je n'avais pas de vrais raisins sous les yeux; ce n'étaient, hélas ! que de froides pierres qui avaient revêtu l'apparence séduisante de grappes mûres et gonflées d'un suc généreux.

De ce vignoble souterrain, nous passâmes à la grotte des *Boules de neige*. Stephen l'illumina d'un feu de Bengale, et nous eûmes une scène d'hiver au clair de lune. Une couche de neige durcie s'étendait à nos pieds; seulement il semblait qu'elle fût fondue en certains endroits et laissât le roc noir à découvert. Des glaçons étaient suspendus à la voûte et le long des murs, et dans le fond toute une batterie de boules de neige amoncelées eût fait la joie d'une troupe d'écoliers en récréation. Tout ce qui nous entourait semblait froid et hivernal, et pourtant l'air était si tiède... Cette neige et cette glace n'étaient encore que des stalactites et du gypse.

Nous n'étions pas au bout de nos surprises; il nous restait à passer les *Montagnes rocheuses,* dont le nom est peut-être un peu ambitieux, mais qui n'en sont pas moins assez difficiles à franchir, à cause de leurs crevasses et de leurs aspérités. Du sommet de ces hauteurs calcaires, le regard plonge à gauche dans un grand espace vide et sombre qui s'appelle avec raison: la *Galerie sinistre.* Nous nous dirigeâmes à droite, et en peu d'instants nous étions au *Port de Séréna,* à l'extrémité des grottes.

Cette dernière excavation, de forme circulaire et qui peut avoir sept mètres de pourtour et dix mètres d'élévation, est creusée dans une roche jaunâtre; à la vive lumière des lampes, on dirait que de riches draperies recouvrent les parois de leurs plis somptueux, pour y dérober aux yeux l'asile de quelque fée bienfaisante; une source jaillit dans cette retraite magique, qui rappelle involontairement les légendes des gnomes et des sylphes et tous ces récits fantastiques et charmants qui ont bercé notre enfance: l'illusion serait complète, si le vol d'une chauve-souris ne venait nous rappeler à la réalité.

En quittant le Port de Séréna, on retourne sur ses pas, mais non sans visiter à droite et à gauche quelques nouvelles parties des grottes, négligées d'abord pour arriver plus directement au but.

Nous marchions depuis quelque temps sans rien rencontrer de remarquable, lorsque Stephen, nous laissant prendre les devants, nous pria d'éteindre nos lampes, pour que nous nous rendions compte des ténèbres sans limites qui règnent dans ce monde souterrain. Nous obéîmes en nous asseyant sur un quartier de roc. Là seulement, perdu dans ces espaces mystérieux, dans les entrailles de la terre, je compris ce que doit être la cécité; et mes compagnons, comme moi, en eurent le frisson.

Au bout d'un quart d'heure, Stephen nous rejoignit, et ne put s'empêcher de rire en voyant nos visages pâles et sérieux: « Maintenant, Messieurs, vous savez ce que c'est que d'être dans les ténèbres; elles éveillent les pensées intérieures, n'est-ce pas? tous ceux qui ont fait cette expérience dans les grottes le disent; mais levez les yeux, ajouta-t-il en voilant de son bonnet la flamme de sa lampe.» Nous regardâmes en l'air, et à notre profonde stupéfaction, le ciel étoilé s'étendait au-dessus de nos têtes; nous nous frottâmes les yeux; nous regardâmes de nouveau; cette fois nous ne pouvions être le jouet d'une illusion; des milliers d'astres brillaient et scintillaient à la voûte sombre, et M. Brady cherchait déjà à y reconnaître la ceinture d'Orion et d'autres constellations connues, lorsque le bon rire de Stephen nous avertit que nous étions de nouveau le jouet d'une illusion d'optique. Il lança une pierre qui alla frapper la soi-disant voûte du ciel, et après avoir rallumé nos lampes, nous montra que les rayons à demi voilés de la sienne, en se reflétant sur les innombrables feuilles de mica qui tapissent le haut de la grotte, y avaient produit le scintillement vraiment magique que nos yeux confondaient avec celui d'une nuit étoilée. Ce phénomène ne se produit qu'à cette place unique, nommée pour cette raison *la Chambre étoilée.*

Après avoir circulé à travers un vrai dédale de couloirs et de galeries, nous finîmes par arriver au *Dôme Young*, qui porte le nom du premier possesseur des grottes. Nous grimpâmes sur quelques énormes blocs de pierre, du sommet desquels on se hisse jusqu'à une ouverture de la grandeur d'une fenêtre, taillée dans le roc. C'est de là qu'on plonge dans cette majestueuse coupole supportée à plus de trente mètres d'élévation par des piliers gothiques et des statues. Stephen y avait allumé des feux de Bengale, et leur vive clarté nous montrait une eau claire glissant en nappe transparente le long des parois et disparaissant sous nos pieds, dans l'abîme, avec le mugissement d'une puissante cataracte.

En dépit de M. Brady, qui attribue la formation des grottes de Mammouth à quelque révolution terrestre, j'incline vers l'explication de notre guide qui ne doute point que ce labyrinthe souterrain n'ait été lentement creusé par la puissance des eaux. On retrouve la trace de leur action dans une foule de bassins et d'enfoncements où la pierre est si poreuse que le courant semble s'être détourné tout récemment pour se frayer un autre lit.

Lorsque nous fûmes de retour sur la rive du fleuve des Échos, M. Brady déchargea de nouveau son revolver; mais à peine le dernier écho s'était-il assoupi que de grands cris retentirent sous la voûte; nous ne fûmes pas médiocrement surpris de nous rencontrer, un instant après, avec une barque montée par de jeunes dames et ornée d'une brillante guirlande de lanternes de couleur. Une autre nacelle, aussi brillamment illuminée, et montée par des hommes, suivait de près.

Nous reçûmes avec des hourrahs ces hôtes inattendus, et aussitôt Stephen entonna un de ses plus beaux chants nègres, auquel nous nous joignîmes en chœur. Ce chœur fut un vrai tonnerre; bien que formé par peu de voix, le chant, répercutée avec une puissance inouïe par toutes les voûtes et les défilés de la caverne, semblait sortir de mille gosiers.

Quelques instants auparavant, un silence de mort régnait dans ces espaces ténébreux et sinistres; il semblait que la baguette d'un magicien y eût fait naître soudain la vie, la lumière et la joie. Les nacelles se croisèrent. Les hourrahs éclatèrent encore une fois, les mouchoirs s'agitèrent; des feux de Bengale rouges répandirent leur lueur féerique sur cette troupe animée et sur le fleuve.

Une minute après, tout avait disparu. Les chants avaient cessé; les feux étaient éteints; les barques se perdaient de vue. Le silence et les ténèbres avaient repris leur empire sur le fleuve des Échos.

Ce ne fut qu'en abordant sur la rive opposée que le revolver de M. Brady retentit encore une fois sous les voûtes comme un dernier adieu aux merveilles des grottes de Mammouth.

V.

Le couguar.

Au nord du 30e degré de latitude australe on ne rencontre plus en Amérique qu'un seul représentant, à longue queue, de la race féline; les autres animaux que l'on y désigne encore sous le nom de chats sauvages, sont tout simplement des lynx à courte queue dont il existe trois espèces. Le genre chat n'y a qu'un type vraiment authentique, le *couguar*, auquel on donne du reste les dénominations les plus variées : lion d'Amérique, tigre rouge, etc. Les chasseurs anglo-américains l'appellent panthère; mais comme son pelage ne porte ni les raies qui distinguent le tigre, ni les taches du léopard, ni les mouchetures du jaguar, les naturalistes l'ont désigné sous le nom de *Felis concolor*.

Peu d'animaux ont une fourrure aussi uniformément pareille que le couguar; on peut en comparer vingt ou trente, sans y trouver la plus légère différence, même de nuance. Tout jeune, le couguar est parfois légèrement moucheté; mais ces taches disparaissent quand il parvient à sa parfaite croissance; son pelage est alors d'une teinte fauve, plus rougeâtre que celle du lion, et parfaitement égale sur tout le corps, à l'exception du museau, du ventre et de l'entourage des yeux, qui restent un peu plus pâles.

Le couguar n'est rien moins que bien proportionné; son dos fort long se termine par une queue entièrement dépourvue de la grâce qui distingue cet appendice chez d'autres représentants de la race féline. Ses pattes courtes manquent d'élégance; bien qu'il passe pour être le type du lion dans le Nouveau Monde, il ne lui ressemble guère que par la couleur de sa robe, et il est bien plutôt apparenté avec les tigres et les panthères. Il mesure rarement plus de deux mètres, depuis le museau jusqu'à l'extrémité de la queue; encore sa queue compte-t-elle largement pour le tiers de la longueur totale.

Le domaine du couguar s'étend des plaines du Paraguay aux lacs de l'Amérique du Nord; mais heureusement on ne l'y rencontre que rarement, il recherche les lieux déserts, et, à mesure que la civilisation empiète sur les forêts vierges, il se retranche dans leurs parties les plus reculées. C'est ce qui explique que ce carnassier, bien qu'il existe d'un bout à l'autre des États-Unis, y soit peu connu et produise sur le peuple une terreur égale à celle qui signale chez nous l'apparition d'un loup ou d'un chien enragé.

Sa grande taille n'empêche pas le couguar de grimper sur les arbres avec l'agilité du chat; il s'y cramponne à l'aide de ses redoutables griffes, et, parfois, s'y accroupit sur une branche horizontale, guettant un cerf ou quelque autre proie pour se précipiter sur elle. Il fait sa retraite habituelle dans le voisinage de ces sources salines ou chargées de soude, si fréquentes en Amérique, où tous les ruminants, cerfs, buffles et antilopes, se donnent rendez-vous, sans se douter du danger qui les menace. Il y attend patiemment sa victime; puis, lorsqu'elle est assez rapprochée, d'un bond il s'élance sur ses épaules, et enfonce ses griffes profondément dans les chairs. L'animal effrayé se précipite dans le fourré, bondissant à droite et à gauche pour se débarrasser de son ennemi. Mais c'est en vain qu'il essaye de le secouer; le galop le plus effréné ne l'ébranle pas; le terrible cavalier se cramponne au col de sa proie, lui déchire la gorge et s'abreuve du sang qui s'échappe de la grande artère. Le pauvre ruminant s'épuise; il trébuche, chancelle et tombe enfin sans vie sous son cruel persécuteur, qui achève sans encombre son sanglant repas. Lorsqu'il peut atteindre plusieurs victimes en même temps, il les tue toutes, l'une après l'autre, pour le seul plaisir de tuer, et bien qu'il suffit d'une seule proie pour apaiser sa faim.

Plusieurs naturalistes n'en ont pas moins soutenu que le couguar est lâche et poltron; mais c'est une assertion difficile à justifier, car il est avéré qu'il attaque l'homme, et se fit beaucoup craindre, autrefois, des pionniers, dans les États de l'Ouest. Poursuivi depuis deux siècles par les plus habiles chasseurs, je veux croire qu'il est devenu plus timide et moins agressif; mais dans certaines parties de l'Amérique du Sud, l'homme succombe encore souvent aux attaques du couguar, et beaucoup de plantations sur le versant oriental des Andes, dans le Pérou, ont dû être abandonnées, parce que ces dangereux animaux se montraient trop fréquemment dans le pays.

Il y a plusieurs années, tandis que j'habitais la Louisiane, j'entendis raconter à un de mes voisins l'aventure suivante, que j'ai tout lieu de croire véridique; elle contribue à peindre les mœurs du couguar, tout en nous faisant assister à une scène de désolation qui malheureusement se reproduit assez souvent dans certaines parties du Nouveau Monde.

« Nous subissons de temps en temps en Louisiane, racontait ce colon, des inondations dont vous n'avez aucune idée dans votre vieille Europe. L'une d'elles suffirait peut-être à submerger toute l'Angleterre ; j'ai fait dans mon canot des centaines de milles sur ces immenses nappes d'eau, d'où l'on ne voyait émerger que les cimes des cyprès les plus élevés.

« J'habitais alors la vallée arrosée par la rivière Rouge, et mon blockhaus s'élevait à 50 milles anglais environ au-dessous de Natchitoches. J'avais laissé ma femme et mes deux petits enfants dans l'État du Mississipi, ne voulant les faire venir auprès de moi que lorsque j'aurais défriché et ensemencé un bon bout de terrain, de sorte que je me trouvais dans une solitude absolue, sans autres compagnons que mon vieux cheval, une hache formidable et ma bonne carabine.

« Je n'avais plus pour achever mon blockhaus qu'à y construire une cheminée, lorsqu'une de ces maudites inondations qui reparaissent tous les 12 ou 15 ans, fondit sur moi. Il faisait nuit quand je m'en aperçus; je dormais étendu sur le sol de ma hutte; j'avais rêvé, et sentant ma couverture toute mouillée, je crus d'abord qu'il pleuvait ; mais, comprenant soudain de quoi il s'agissait, je bondis comme un cerf traqué et cherchai la porte à tâtons. Quel aspect m'attendait là !

« J'avais abattu les arbres de la forêt sur un espace de trois ou quatre arpents; leurs troncs mutilés avaient encore trois pieds de hauteur environ; mais on n'en voyait déjà plus rien : toute ma clairière était sous eau....

« Ma première pensée fut pour ma carabine, puis je courus à ma vieille jument, qui ne fut pas très-difficile à retrouver, car elle faisait un train d'enfer. Je l'avais attachée la veille à un arbre où elle était encore retenue par une courroie; l'eau lui montait déjà jusqu'au poitrail et avait emporté la selle et la bride; il ne me restait qu'à faire de la courroie une espèce de licou et à monter la bête à nu. Mais de quel côté me diriger? toute la contrée semblait être inondée, mon plus proche voisin demeurait à 10 milles au delà de la prairie. Je savais que sa hutte était située sur la hauteur, que j'y trouverais un refuge, mais comment y parvenir? il faisait nuit; je pouvais dévier de la route et entrer dans le lit du fleuve.

« En calculant tous ces dangers, je finis par trouver plus prudent d'attendre dans ma cabane le point du jour; au besoin je pouvais y attacher ma jument et me réfugier sur le toit.

« Tandis que je délibérais ainsi avec moi-même, l'eau montait si sensiblement que j'en vins bientôt à craindre de voir se noyer ma pauvre monture. J'avais peu de souci de ma propre personne, car au pis aller il me restait toujours la ressource de grimper sur un arbre et d'y attendre l'écoulement des eaux; mais ma jument m'était bien trop précieuse pour que je pusse supporter l'idée de la perdre; ne voyant plus d'autre chance de salut, je me résolus à traverser, coûte que coûte, la prairie, et piquant des deux, je partis au trot.

« Le chemin qui conduisait en droite ligne à la prairie n'était pas difficile à trouver : je l'avais marqué dès mon arrivée en faisant des entailles dans les arbres, et la nuit n'était pas assez noire pour m'empêcher de suivre, à l'aide de ces signes, la bonne direction. En outre, mon cheval connaissait la route aussi bien que moi, et l'on eût dit qu'il pressentait le danger, tant il trottait vaillamment. En cinq minutes nous avions atteint la prairie, mais elle était sous eau, comme je le redoutais, et s'étendait devant nous comme un grand lac.

« Je distinguais pourtant dans le lointain un monticule dominant les eaux, et couronné par un groupe d'arbres que je reconnus pour n'être pas fort éloigné de l'habitation de mon voisin. C'est de ce côté que je dirigeai ma monture. Elle avait de l'eau jusqu'au genou, et l'idée ne me venait pas que le niveau pourrait encore monter; mais nous n'avions pas fait quatre milles que je sentis l'eau s'élever. Retourner était impossible, et j'encourageai ma pauvre jument à de nouveaux efforts; elle avait aussi bien que moi conscience du danger, et les éperons étaient devenus aussi inutiles que le fouet. Pourtant l'eau montait, montait toujours davantage, bientôt elle atteignit l'épaule de mon cheval.

« Alors seulement l'angoisse me prit, car nous n'étions pas à mi-chemin, et pour peu que la crue augmentât encore, il ne nous restait plus qu'à nager. Cette nécessité ne nous fut pas longtemps épargnée; tout à coup ma monture perdit pied; je la sentis glisser comme dans un trou; je me trouvais moi-même enveloppé d'eau, mais la brave bête se releva, et je sentis bientôt à son allure égale qu'elle n'avait plus la terre ferme sous les pieds, et qu'elle était réduite à nager.

« Un instant je songeai à regagner ma hutte, et je tournai bride, mais de quelque côté que je me dirigeasse, ma monture ne prenait plus pied. Mon embarras était extrême; je n'osais point espérer que ma pauvre haridelle, qui n'avait guère que la peau sur les os, pourrait me porter à la nage jusqu'à la terre ferme. Je pesais pour le moins deux quintaux, et ce n'était pas une bagatelle de me porter aussi loin. Pour le coup je me crus à ma dernière heure : l'image de ma brave femme, de mes petits enfants vint me serrer le cœur ; la pensée de bien des affaires que j'aurais voulu mettre en ordre avant de quitter ce monde, augmentait encore mon angoisse.... Ma jument nageait toujours, mais je la sentais s'en-

T. II, p. 250.

LE COUGUAR.

foncer toujours plus ; ses forces s'épuisaient, il était évident qu'elle ne pourrait plus longtemps soutenir de pareils efforts.

« L'idée me vint de me laisser couler le long de son dos, en me retenant simplement à sa queue. Aussitôt pensé, aussitôt fait ; l'animal, ainsi allégé, se remit à nager avec plus d'ardeur ; mais en dépit de ses prouesses, nous avancions si lentement que je perdis bientôt tout espoir de gagner jamais la terre ferme.

« Je me laissais traîner ainsi depuis dix minutes environ, lorsque j'aperçus à quelque distance un objet flottant à la surface de l'eau. Bien que l'obscurité eut augmenté, il faisait encore assez clair pour me permettre de reconnaître un tronc d'arbre dépouillé de ses branches. C'était une chance de salut, car la jument, débarrassée de mon fardeau, pourrait plus facilement se tirer d'affaire. J'attendis donc que nous fussions plus rapprochés de ce secours inespéré, et alors, lâchant la queue de mon cheval, je saisis l'extrémité du tronc et m'y hissai à califourchon. Mon compagnon continua à nager, sans paraître s'apercevoir de mon absence; je le vis disparaître dans l'obscurité, sans lui faire mes adieux, craignant, s'il entendait ma voix, qu'il n'essayât de se hisser, lui aussi, sur mon frêle radeau et qu'il ne le fît chavirer.

« Je n'y étais installé que depuis quelques instants, lorsque je m'aperçus qu'un courant assez prononcé, traversant la prairie dans une direction déterminée entraînant le tronc à l'extrémité duquel je m'étais assis; de plus, il s'enfonçait passablement dans l'eau, et j'y étais moi-même plongé jusque par-dessus les hanches. Je venais de faire la réflexion toute simple que je serais plus commodément assis vers le milieu du tronc, et j'étais en train de m'y glisser, lorsque j'aperçus quelque chose d'insolite à son extrémité opposée.

« Il faisait très-sombre en ce moment, car depuis mon départ du blockhaus le ciel s'était couvert de sombres nuages; néanmoins, je reconnus, à n'en pouvoir douter, un animal féroce dans cette forme confuse; mais quel animal, c'est ce que je ne pouvais distinguer.

« Ce pouvait être un ours ou une panthère,

et je ne restai pas longtemps dans l'indécision, car le tronc d'arbre ayant tournoyé plusieurs fois sur lui-même, et l'animal se présentant à moi sous un jour différent, je distinguai des yeux qui certainement n'étaient pas ceux d'un ours et qui brillaient comme ceux d'un couguar.

« Il est superflu de dire qu'à partir de ce moment je ne me sentis plus fort à l'aise sur mon esquif improvisé; je renonçai à me glisser vers le milieu du tronc, et me réfugiai, au contraire, aussi loin que possible de mon terrible compagnon.

« Je restai là assez longtemps, n'osant faire le plus léger mouvement, dans la crainte d'attirer sur moi l'attention du monstre. Je n'aurais eu qu'un couteau pour me défendre, car en glissant du dos de ma jument, j'avais malheureusement laissé tomber ma carabine, et elle était au fond de l'eau. Je n'étais donc nullement en mesure d'entrer en relation avec une panthère, et je résolus de ne pas l'inquiéter aussi longtemps qu'elle me laisserait en paix.

« Nous voguâmes ainsi de concert, pendant une heure, sans qu'aucun de nous s'avisât de bouger. Nous étions en face l'un de l'autre, ne nous quittant pas des yeux, et je me demandais quel serait le dénouement de cette situation critique, lorsque je remarquai que nous nous rapprochions assez rapidement du bouquet de bois que j'avais aperçu dans le lointain, dès la lisière de la prairie.

« Il était submergé, à l'exception des cimes les plus élevées, et je résolus, si mon esquif devait y être poussé, de saisir une branche au passage et de m'y cramponner, sans faire de longs adieux à mon compagnon de route.

« Mais au même instant, je vis surgir une autre forme tout juste en face de mon tronc d'arbre ; c'était un monticule, une île, émergeant à la surface des eaux. Comment une île se trouvait-elle dans ces parages ? Je n'en croyais pas mes yeux, mais alors je me souvins avoir remarqué précédemment dans ces environs plusieurs élévations de terrain, des espèces de *tumulus*, élevés sans doute par les Indiens. Ce qui m'apparaissait comme une île n'était autre chose que le sommet d'un de ces monticules funéraires.

« Notre tronc d'arbre flottait dans une direction qui devait le faire passer à vingt pas environ du monticule, et j'étais parfaitement décidé, dès que j'en serais rapproché, à le gagner à la nage en abandonnant au couguar la jouissance exclusive du refuge qu'il avait choisi.

« Dès le premier moment, j'avais remarqué plusieurs objets à la surface de l'île, et je les avais pris pour des buissons, bien que j'eusse pu me souvenir qu'aucun de ces monticules n'était couvert de broussailles ; mais en m'approchant je vis, à n'en pouvoir douter, que ces prétendus buissons étaient des animaux. Je distinguai entre autres des cerfs, car de grands bois se dessinaient en silhouette sur le ciel, puis un animal plus grand qui me fit l'effet d'un cheval. C'en était bien un, et qui mieux est, ma bonne vieille jument, en personne, qui, après notre séparation, avait suivi le courant et gagné un refuge sur cet îlot où j'allais la retrouver.

« Au moment où je m'en crus assez rapproché, je quittai avec aussi peu de bruit que possible le bout de mon tronc d'arbre, et je nageai vers l'île ; mais j'étais à peine dans l'eau que j'entendis un autre corps s'y jeter, et, en me retournant, j'aperçus le couguar qui avait suivi mon exemple et nageait également vers la terre ferme.

« Je crus d'abord qu'il me poursuivait, et tirant mon couteau d'une main, je continuai à nager de l'autre ; mais le couguar passa à mes côtés sans m'accorder aucune attention ; évidemment il n'avait en vue que d'arriver au sec le plus vite possible.

« Je le laissai me devancer ; il aborda, et l'agitation qui suivit l'arrivée de ce nouveau venu m'apprit que sa présence ne répandait pas une médiocre épouvante parmi la colonie improvisée. Je vis les cerfs et ma jument s'enfuir comme si le diable eût été à leurs trousses ; mais ni les uns ni les autres ne cherchèrent un refuge dans l'eau ; évidemment ils en avaient tous leur compte.

« M'étant un peu écarté pour ne pas prendre

pied au même endroit que le couguar, je gravissais la petite colline, mes vêtements tout ruisselants d'eau, lorsqu'un hennissement bien connu retentit tout près de moi, et au même instant mon fidèle cheval vint frotter son museau à mon épaule. Je saisis le licou et m'élançai rapidement sur son dos. Là du moins je me sentais un peu abrité contre les attaques éventuelles du couguar.

« Ainsi retranché et en état de défense, je m'enquis un peu de la société au milieu de laquelle j'étais si inopinément tombé. Le jour commençait à poindre, et de minute en minute j'apercevais plus distinctement mon entourage.

« La partie du tumulus qui émergeait de l'eau avait à peine un demi-arpent d'étendue, et il était aussi complétement dépouillé d'arbres qu'aucune partie de la prairie; aussi pouvais-je explorer du regard jusqu'au moindre pouce de terrain.

« J'en crus à peine mes yeux, lorsque j'aperçus l'étrange réunion d'animaux qui s'étaient rencontrés sur ce petit espace, et la pensée de l'arche de Noé me revint involontairement à l'esprit. C'étaient d'abord ma vieille jument et moi, ma nouvelle connaissance, le couguar, deux cerfs et trois biches. — Plus loin, un lynx et un ours noir presqu'aussi grand qu'un buffle ; puis un raton[1] et deux opossums[2] ; un couple de loups gris, un petit lapin des marais, et enfin, à ma grande surprise, un hideux petit putois. Ce dernier n'était pas assurément le personnage le plus redoutable de cette étrange société, mais son voisinage était de beaucoup le plus désagréable, car il empestait l'air d'une manière atroce.

« Si j'avais été déjà fort étonné de rencon-

1. Le raton (en allemand *Waschbär*) est un carnassier de taille moyenne, qui se rapproche de l'ours ; il habite l'Amérique septentrionale. Ses mœurs sont encore peu connues, mais on croit qu'aux végétaux qui font sa principale nourriture, il ajoute volontiers, à l'occasion, des œufs ou même de jeunes oiseaux. En captivité il s'apprivoise de lui-même et mange du pain, de la viande, des racines, des graines, etc. Une habitude singulière qui est particulière au raton et qui lui a fait donner le nom de *laveur*, c'est qu'il ne mange rien qu'il ne l'ait préalablement fait tremper dans l'eau.

2. Quadrupède du genre sarigue, qui a deux taches jaunes au-dessus de chaque œil, d'où le nom de *quatre-yeux*.

trer des animaux si divers sur ce petit lambeau de terre, je le fus encore bien davantage de les voir vivre en paix les uns avec les autres, en dépit de leurs caractères naturellement hostiles : le couguar s'était accroupi tranquillement près du cerf, sa proie naturelle ; les loups étaient dans leur voisinage, et le lynx, couché à trois pas de l'opossum et du lapin, ne semblait pas même s'apercevoir de leur présence. Un peu plus loin l'ours et le raton se côtoyaient fraternellement, et tous étaient si paisibles, si débonnaires, qu'on les eût dit depuis des années habitués à vivre ensemble dans une même cage. C'était bien le plus étrange spectacle que j'eusse jamais eu.

« Moi-même je me tenais aussi tranquille que possible, et ne quittai pas mon cheval aussi longtemps que je fus dans cette société un peu suspecte. Cette mesure de prudence était peut-être inutile, car la journée et la nuit suivante se passèrent sans que mes compagnons trahissent des intentions le moins du monde hostiles.

« Je serais entraîné un peu trop loin si je

voulais décrire par le menu tout ce qui se passa entre les animaux qui m'entouraient durant les 24 heures que nous passâmes ensemble; mais pas un d'eux ne toucha à un poil de son voisin.

« Je mourais de faim et j'aurais beaucoup donné pour me rassasier d'un morceau de cerf; mais je n'osais pas donner le signal de l'attaque; je craignais qu'il ne devînt celui d'un carnage général.

« Au matin du second jour, je remarquai que les eaux commençaient à baisser, et dès qu'elles furent guéables, je pris silencieusement congé de mes compagnons; les plus grands d'entre eux n'auraient pu me suivre qu'à la nage, et ni les uns ni les autres n'y paraissaient disposés.

« Je trottai en ligne droite jusqu'à la hutte de mon voisin que j'apercevais à 3 milles de distance environ, et en une heure j'étais à la porte. Tout entier à l'espoir du butin sans pareil qui m'attendait dans mon île, je ne m'accordai que peu d'instants de repos, et après une légère collation je repris le chemin du tumulus, monté sur ma vieille jument, et armé d'un excellent fusil à deux coups.

« Mon brave voisin voulut à toutes forces m'accompagner. A notre arrivée, les choses n'étaient plus dans l'état où je les avais laissées. La décroissance des eaux avait rendu leurs instincts carnassiers au couguar, aux loups et au lynx. Le lapin et les opossums étaient entièrement dévorés, et l'une des biches avait subi le même sort.

« Mon compagnon et moi, abordant par des côtés opposés, nous entreprîmes le siége de l'île. J'abattis le couguar et l'ours du premier coup; c'étaient de magnifiques bêtes; les loups et les cerfs eurent leur tour ensuite; ils étaient de fait, avec l'ours, la seule proie qui eût pour nous une réelle valeur. Le putois même ne fut pas épargné, car ce n'est qu'en le détruisant que nous pouvions nous délivrer de l'affreuse odeur qu'il répand autour de lui.

« Il nous fallut un certain temps pour dépouiller et dépecer nos ours et nos cerfs. Les meilleurs morceaux furent enveloppés dans les peaux des victimes; puis nous chargeâmes tout le butin sur nos chevaux et le ramenâmes chez mon voisin, où je me remis au bout de quelques jours de mes émotions et de ma fatigue.

« Lorsque les eaux furent tout à fait écoulées, je retrouvai aussi mon fusil à demi enfoui dans la vase; heureusement il me fut facile de le réparer.

« Je compris que mon blockhaus était construit dans une situation détestable, et je trouvai bientôt un endroit beaucoup plus favorable à notre établissement.

« Le printemps suivant, une nouvelle cabane était sous toit; quelques arpents de terre avaient été défrichés et entourés d'une bonne clôture. J'allai alors chercher ma femme et mes enfants, et depuis nous vivons en paix dans notre patrie adoptive. »

TABLE DES MATIÈRES.

EUROPE.

ASIE.

AFRIQUE.

AMÉRIQUE.

STRASBOURG, IMPRIMERIE DE VEUVE BERGER-LEVRAULT.

www.ingramcontent.com/pod-product-compliance
Ingram Content Group UK Ltd.
Pitfield, Milton Keynes, MK11 3LW, UK
UKHW012014240726
13965UKWH00002B/366